R-Evolution – des biologischen Weltbildes bei Goethe, Kant und ihren Zeitgenossen

Darwin

Buffon

Goethe

Lamarck

Kant

Aristoteles

Werner A. Müller

R-Evolution – des biologischen Weltbildes bei Goethe, Kant und ihren Zeitgenossen

Prof. Dr. Werner A. Müller
COS Universität Heidelberg
Privat: 69257
Wiesenbach
Baden-Württemberg
Deutschland

ISBN 978-3-662-44793-2 ISBN 978-3-662-44794-9 (eBook)
DOI 10.1007/978-3-662-44794-9

Die Deutsche Nationalbibliothek verzeichnet diese Publikation in der Deutschen Nationalbibliografie; detaillierte bibliografische Daten sind im Internet über http://dnb.d-nb.de abrufbar.

Springer Spektrum

Gedruckt auf säurefreiem und chlorfrei gebleichtem Papier

Springer Spektrum ist eine Marke von Springer DE. Springer DE ist Teil der Fachverlagsgruppe Springer Science+Business Media
www.springer-spektrum.de

Vorwort

Dieses Buch geht im Kern auf einen Vortrag zurück, den ich auf Wunsch des Physikers Prof. Dr. Christoph Cremer, dessen Ehefrau Dr. Letizia Mancino-Cremer Vorsitzende der Goethe-Gesellschaft Heidelberg ist, im Deutsch-Amerikanischen Institut in Heidelberg und später in ähnlicher Form an anderen Orten gehalten habe. So mancher Zuhörer wünschte eine schriftliche Fassung.

Der hier erweiterte Vortrag ist für alle niedergeschrieben, die an den historischen Ursprüngen und dem Wandel unseres Weltbildes, unserer Kulturgeschichte sowie an der Stellung des Menschen in der Natur interessiert sind, vor allem auch für Studenten und Lehrer der Biologie zur Ergänzung ihres naturwissenschaftlichen Faktenwissens. Über 40 Jahre Lehrtätigkeit an deutschen Universitäten haben mich Jahr für Jahr erfahren lassen, dass die ungeheuer große und stetig wachsende Menge an purem Faktenwissen und die dichte Folge von Prüfungen es unseren Studenten kaum erlauben, einen Rückblick auf die Wissenschaftsgeschichte zu werfen. Woher kommen unsere Anschauungen und Begriffe, wie haben sie sich gewandelt? Wer weiß denn, woher der Begriff Energie stammt und wie man sich vorstellte, weshalb Lebewesen ihren Vorfahren gleichen? Wenn es mir trotz aller Stofffülle dennoch bisweilen gelang, auf die Ursprünge unseres Wissens und unserer Begriffe hinzuweisen, hat dies durchaus bei vielen Zuhörern Interesse und Erstaunen geweckt. Ich wünsche mir, mit dieser Schrift ähnliche Begeisterung zu vermitteln.

Speziell zur Stellung Goethes im Wandel der Biologie von der Antike zu Darwin gibt es viele Abhandlungen mit sehr widersprüchlichen Aussagen, wie die folgende Zitate-Sammlung belegt. Die Mehrzahl dieser Abhandlungen ist von Geisteswissenschaftlern, das heißt von Germanisten, Philosophen oder Historikern, geschrieben, deren Schreibstil auf Naturwissenschaftler, die knappe und präzise Aussagen schätzen, oft fremd und ermüdend wirkt. Diese Schriften zeigen zudem kaum Bezüge zu unserer heutigen Biologie auf. Wie ist beispielsweise Goethes Wirbeltheorie des Schädels aus der Sicht der heutigen Entwicklungsbiologie zu beurteilen? Dieses Buch gibt darauf eine Antwort. Es bietet Historisches in komprimierter Form und quasi im Zeitraffer, damit es auch für Biologen lesbar wird. Teile des Textes sind meinem/unserem Lehrbuch *Entwicklungsbiologie und Reproduktionsbiologie* (Müller und Hassel, Springer 2012) entnommen, ebenso Teile von Abbildungen, wie in den Legenden vermerkt.

Im Weiteren wird auf die Vereinnahmung Goethes durch die „idealistische Morphologie" und Anthroposophie eingegangen; jedoch ist diese Schrift nicht allein auf die Person Goethes fokussiert, sondern beleuchtet das biologische Weltbild in seinem Wandel von Aristoteles bis zu Darwin und ansatzweise darüber hinaus. Abschließend wird auf neuere Forschungsarbeiten zur Entstehung des Lebens auf der Erde und die sich anbahnende neue R-EVOLUTION hingewiesen.

Heidelberg im Juli 2014
Prof. Dr. Werner A. Müller
muellerwm@t-online.de
Centre for Organismal Studies,
Universität Heidelberg

Inhalt

1

Goethe als Wegbereiter der Evolutionstheorie? Widersprüchliche und zu Widerspruch herausfordernde Zitate

Charles Darwin 1861 *„According to Isid. Geoffroy there is no doubt that Goethe was an extreme partisan of similar views.“* (Deutsch: „Gemäß Isid. Geoffroy gibt es keinen Zweifel, dass Goethe ein außergewöhnlich starker Anhänger ähnlicher Ansichten war“ (in: *On the Origin of Species,* 3rd–6th edition 1861–1872, jeweils im Vorwort *An historical sketch…*).

Goethe 1784 In seinem Brief an Karl Ludwig Knebel am 17. November 1784 schrieb Goethe mit dem Hinweis auf seine Entdeckung des Zwischenkieferknochens: „Vielmehr ist der Mensch aufs nächste mit den Tieren verwandt“ (aus Becker 1999).

Wikipedia (deutsch), Eintrag „Pariser Akademiestreit“ „Goethe sah in dem Vorhandensein des Zwischenkieferknochens beim Menschen kein Indiz für die stammesgeschichtliche Verwandtschaft des Menschen mit den Tieren.“ (http://de.wikipedia.org/wiki/Pariser_Akademiestreit, Zugriff am 09.03.2014)

Wikipedia (englisch), Eintrag „Johann Wolfgang von Goethe“ *„As one of the many precursors in the history of evolutionary thought, Goethe wrote in Story of My Botanical Studies (1831): “… a felicitous mobility and plasticity that allows them to grow and adapt themselves to many different conditions in many different places.” …*

“Goethe's ideas on evolution would frame the question that Darwin and Wallace would approach within the scientific paradigm.“

(Deutsch: „Als einer von vielen Vorgängern in der Geschichte des Evolutionsgedankens schrieb Goethe in dem Aufsatz *Geschichte meiner botanischen Studien* (1831): „… eine glückliche Mobilität…“ (siehe folgendes Zitat unter Goethe 1831 und 1832); weiter schreibt diese Quelle: „Goethes Ideen zur Evolution sollten die Frage aufwerfen, die Darwin und Wallace innerhalb des wissenschaftlichen Paradigmas angehen sollten.“)

(http://en.wikipedia.org/wiki/Johann_Wolfgang_von_Goethe, Zugriff am 09.03.2014)

Goethe 1831 und 1832 „Das Wechselhafte der Pflanzengestalten, … erweckte nun bei mir immer mehr die Vorstellung: die uns umgebenden Pflanzenformen seien nicht ursprünglich determiniert und festgestellt, ihnen sei vielmehr, bei einer eigensinnigen, generischen und spezifischen Hartnäckigkeit, eine glückliche Mobilität und Biegsamkeit verliehen, um in so viele Bedingungen, die über dem Erdkreis auf sie einwirken, sich zu fügen und danach bilden und umbilden zu können“ (in: *Der Verfasser teilt die Geschichte seiner botanischen Studien mit*, 1831).

„Das Lebendige geht ungestört seinen Gang, pflanzt sich weiter, schwebt, schwankt und erreicht zuletzt seine Vollendung“ (in: *Zur Naturwissenschaft im Allgemeinen*, Weimar 1832).

(Zitate z. B. in Becker 1999)

Olaf Breidbach 2006 „Goethe spricht denn auch von der ewigen Mobilität aller Formen… Das ist nun aber noch kein Darwinismus, … Dass dies eben nicht in unserem Sinne historisch, das heißt darwinistisch, zu deuten ist, … gilt es zu begreifen…“ (Breidbach 2006).

Walther May 1914 „Er [Darwin] hat vollendet, was Goethe begonnen, er hat gesiegt, wo Goethe unterlegen war. Die Namen Goethe und Darwin werden in der Geschichte des biologischen Denkens und Forschens untrennbar verbunden bleiben, sie werden stets vereint genannt werden als der des Propheten und der des Erfüllers“ (May 1914, 2012).

Adolf Meyer-Abich 1963 „Goethe ist kein Vorläufer Darwins; er war nicht an geschichtlicher Abstammung interessiert“ (Meyer-Abich 1963).

Goethe 1834 „Auf allen Fall läßt sich der alte Stier als eine weit verbreitete untergegangene Stamm-Race betrachten, wovon der gemeine und indische Stier als Abkömmlinge gelten dürften“ (Notizen aus seinem Tagebuch in den nachgelassenen Werken, 1834, Schriften zur Naturwissenschaft, online).

Diese Liste widersprüchlicher Aussagen ließe sich noch um manch weiteres Zitat fortsetzen. Sie spiegeln die Sichtweise derer wider, die Goethe für ihre eigene Sicht der Welt in Anspruch nehmen, aber auch die unsichere, schwankende Haltung Goethes selbst und jener Geistesgrößen, die nicht nur eine Zeit großer politischer Revolutionen, sondern auch einen fundamentalen Umbruch im kosmischen und biologischen Weltbild erlebten und mitgestalteten.

2
Wie erleben wir Menschen im Vorfeld der wissenschaftlichen Biologie die lebendige Natur?

Das späte 18. und frühe 19. Jahrhundert, die Zeit von Johann Wolfgang von Goethe, war die Zeit großer revolutionärer Umbrüche nicht nur im politischen Bereich, sondern auch in den Naturwissenschaften, nach den Erkenntnissen in der Kosmologie von Nikolaus Kopernikus, Galileo Galilei, Johannes Kepler und Isaac Newton nun auch in der Biologie. Will man sich in die Zeit von Goethe zurückversetzen, so muss man die Welt betrachten, wie man sie ohne modernen Biologieunterricht erlebt, wie wir sie erlebten, bevor wir zur Schule gingen, oder wie Menschen, denen ein solcher Unterricht nie zuteil geworden ist, die lebende Natur wahrnehmen.

Leben ist unablässiger Wandel, wenn wir uns das Werden eines Lebewesens vom Samen zum jungen Keimling und weiter zur blühenden Pflanze, von der Raupe zum Falter, vom Ei zum Küken und weiter zum kreisenden Turmfalken oder vom neugeborenen Säugling zum hinfälligen Greis vor Augen führen (Abb. 2.1, 2.2).

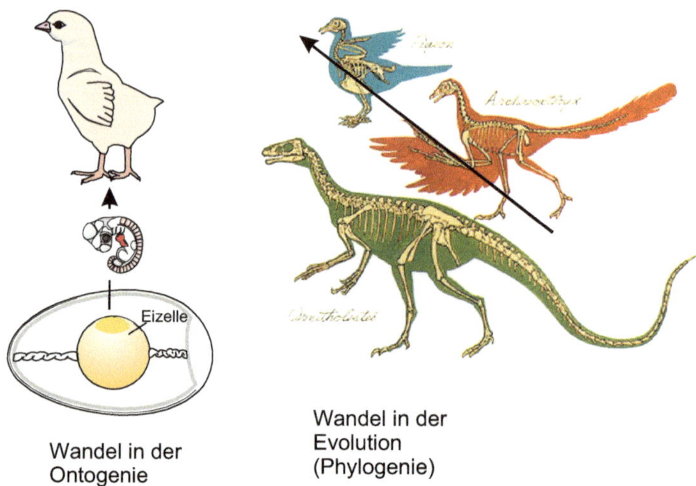

Abb. 2.1 Wandlung der Organismen im Verlauf der individuellen Entwicklung (Ontogenie) und der Evolution (Phylogenie, Deszendenz)

Leben ist aber auch Beständigkeit: Die Kiefer bleibt eine Kiefer, die Buche bleibt eine Buche ihr und unser Leben lang. Die Blaumeisen und Kohlmeisen am Futterkasten sahen vor fünf Jahren genauso aus wie die Blaumeisen und Kohlmeisen in diesem Jahr, und sie werden sich gewiss während unseres Lebens nicht verändern. Das Lamm wird ein Schaf, das seiner Mutter gleicht; kein Schaf verwandelt sich in einen Wolf.

Freilich, das Bild der Beständigkeit kommt ins Wanken, wenn wir beispielsweise die große Zahl verschiedenfarbiger und verschiedengestaltiger Tulpen und Rosen in der Gartenschau oder im Gewächshaus sehen und dieser Vielfalt das Bild einer schlichten Wildtulpe oder Wildrose

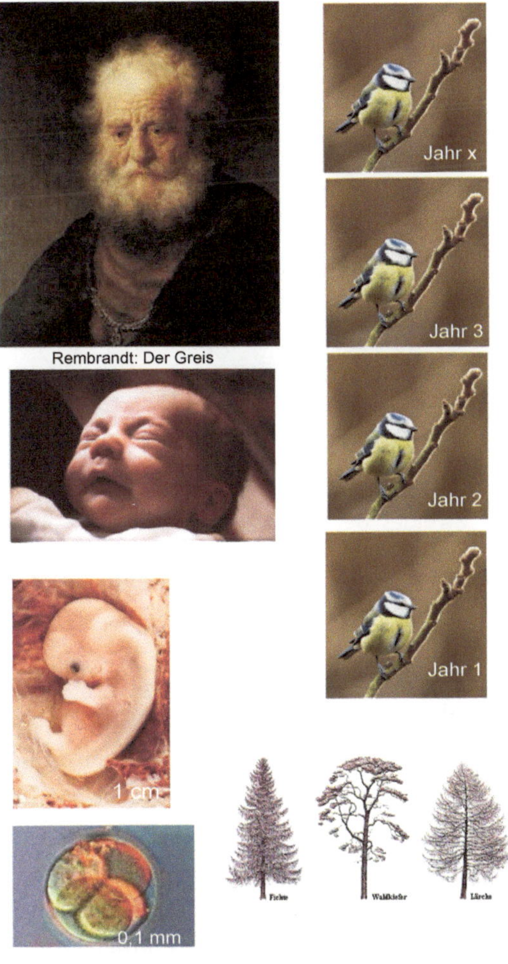

Abb. 2.2 Wandlung versus Beständigkeit in unserer Wahrnehmung von Lebewesen. Bilder des Autors

Abb. 2.3 Beständigkeit einer bestimmte Apfelsorte in den Abkömmlingen ist nur durch Klonen gewährleistet, hier durch Propfen eines Zweiges der betreffenden Sorte (**b**) auf eine neue Unterlage (**c**). Bei sexueller Vermehrung über Samen (**e**) ist ein unkalkulierbarer Sortenmischmasch zwischen der Ausgangssorte (**b**) und dem Wildapfel (**d**) zu erwarten

gegenüberstellen. Gärtner und Züchter wissen: Die Apfelsorten Boskop oder Golden delicious sind all überall und zu allen Zeiten nur deshalb gleich und beständig, weil sie über Propfreiser (Edelreiser), das heißt durch Klonen, fortgepflanzt und vermehrt werden. Aus Samen, also über sexuelle Fortpflanzung vermehrt, fällt die Beständigkeit der Nachkommen auseinander, und es entsteht ein Sortenmischmasch mit Äpfeln, welche Merkmale von Zuchtsorten und dem Wildapfel (Abb. 2.3) in wechselndem Ausmaß in sich vereinen.

Der Kontrast, ständiger Wandel in der individuellen Entwicklung vom Embryo zum hinfälligen Greis (Ontogenie) einerseits und der augenscheinlichen, doch nicht absoluten

Beständigkeit in der Folge von Generationen (Phylogenie) andererseits, spiegelt sich in wechselnden Anschauungen über die Natur der Lebewesen wider und führte zu tiefgreifenden Konflikten zwischen den meinungsbildenden Geistesgrößen der abendländischen Kultur.

3
Goethe kontra Linné: Wandel versus Beständigkeit

Der schwedische Naturforscher Carl von Linné (Abb. 3.1) hatte in den Jahren 1735 bis 1753 die beiden lateinisch verfassten Werke *Systema Naturae* und *Species Plantarum* veröffentlicht, die bis 1768 in mehreren Auflagen erschienen sind, in denen er das damals bekannte Pflanzen- und Tierreich nach einheitlichen Gesichtspunkten katalogisierte. Er führte die aus einem Substantiv (Gattungsname) und einem Adjektiv (Artname) bestehende binäre Nomenklatur ein (z. B. *Homo sapiens,* der kluge Mensch) und gliederte Pflanzen und Tiere hierarchisch in

- Arten (z. B. *Homo sapiens* = Mensch), fasste Arten zusammen zu
- Gattungen; Beispiel die Gattung *Homo* (mit damals nur einem bekannten Mitglied, heute auch mit z. B. *Homo erectus, Homo heidelbergensis*); Gattungen fasste Linné zusammen zu
- Familien, beispielsweise zur Familie der Rosaceae, der Rosengewächse (s. Abb. 3.2); Familien fasste er zusammen zu

CAROLI LINNÆI
EQUITIS DE STELLA POLARI,
ARCHIATRI REGII, MED. & BOTAN. PROFESS. UPSAL.;
ACAD. UPSAL. HOLMIENS. PETROPOL. BEROL. IMPER.
LOND. MONSPEL. TOLOS. FLORENT. SOC.
SYSTEMA
NATURÆ
PER
REGNA TRIA NATURÆ,
SECUNDUM
CLASSES, ORDINES,
GENERA, SPECIES,
CUM
CHARACTERIBUS, DIFFERENTIIS,
SYNONYMIS, LOCIS.
TOMUS I.
EDITIO DECIMA, REFORMATA.
Cum Privilegio S:æ R:æ M:tis Sveciæ.
HOLMIÆ,
IMPENSIS DIRECT. LAURENTII SALVII,
1758.

Abb. 3.1 Carl von Linné und Titelblatt seines Hauptwerkes

- Ordnungen, z. B. der Ordnung der Primaten mit *Pan* = Schimpanse, *Pongo* = Gorilla und *Homo*, Ordnungen zu
- Klassen (z. B. Mammalia = Säugetiere).

Das Pflanzenreich gliederte Linné gemäß der Zahl und Anordnung der Staubgefäße und Stempel (Griffel und Fruchtknoten) in 24 Klassen und begründete dies damit, „daß die Teile, die für die Fortpflanzung der Pflanzen selbst von so fundamentaler Bedeutung sind, dies gleichermaßen für die Klassifikation sein könnten". Obwohl Linnés Einteilung in groben Zügen die heutige phylogenetisch (stammesgeschichtlich) verstandene Gliederung wiedergibt und er Begriffe wie Familie verwendet, schrieb Linné in der Tra-

Abb. 3.2 Rosengewächse im Garten des Autors. **a** Hundsrose, **b** Edelrose, **c** durchwachsene Rose, wie sie auch von Goethe beschrieben wurde, **d** Pfirsich, **e** Erdbeere, **f** Brombeere, **g** *Potentilla* **h** Längsschnitt gemäß Schulbuchvorlagen, **i** Höstnypon, *Rosa afzellaria*, um 1790, © erloschen

dition des christlichen Abendlandes den viel zitierten Satz: *„Species tot sunt diversae, quot diversas formas ab initio creavit infinitum ens."* (Deutsch: „Es gibt so viele verschiedene Arten, wie verschiedene Gestalten das unendlich Seiende am Anfang erschaffen hat.") Trotz dieses Bekenntnisses zur Bibel wurde das Werk vom Papst auf den Index verbotener Bücher gesetzt, der Aussage mancher Kritiker Linnés

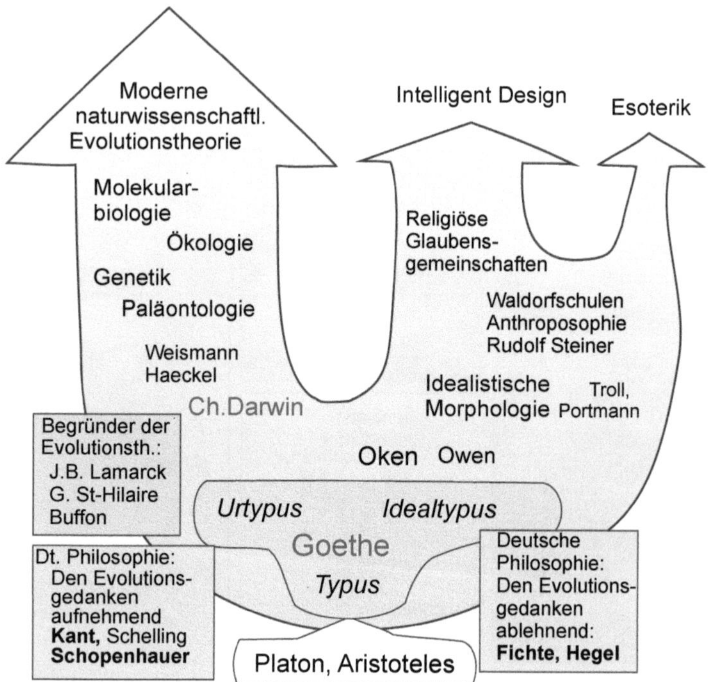

Abb. 3.3 Überblick über verschiedene Interpretationen des bei Goethe so bedeutsamen Begriffs Typus im Verlauf der Zeit; zugleich ein Hinweis auf die Anerkennung oder Ablehnung der Evolutionstheorie Darwins in der Geschichte

folgend, dieser beschreibe „Unzucht" bei Pflanzen – mehrere männliche Glieder (Staubgefäße) um einen einzigen weiblichen Part! Goethe, der Linnés System als Führer für seine geliebten botanischen Studien gebraucht, bekennt, „dass nach Shakespeare und Spinoza auf mich die größte Wirkung von Linné ausgegangen [ist], und zwar gerade durch den Widerstreit, zu welchem er mich aufforderte" (aus Goethe, *Geschichte meiner botanischen Studien* 1817, 1832, u. a. in Becker 1999). Und weiter erklärt er: „Betrachten wir aber alle Gestalten, besonders die organischen, so finden wir, dass nirgend ein Bestehendes, nirgend ein Ruhendes, ein Abgeschlossenes vorkommt, sondern dass vielmehr alles in einer steten Bewegung schwanke" (Goethe *Zur Morphologie* (1817), Schriften zur Naturwissenschaft, online).

Goethe spricht von der „Wandelbarkeit der Natur" und „Verwandtschaften", gar von naher Verwandtschaft des Affen mit dem Menschen (s. Abschn. 7.2). Wie dies zu verstehen sei, darüber gab und gibt es indes konträre Auffassungen unter den Lesern und Analytikern der Werke Goethes, je nach deren eigener Sicht der Natur und eigener Auffassung zur Evolutionstheorie. Abbildung 3.3 gibt einen Überblick über die Strömungen in der Wahrnehmung Goethes. Im deutschen Sprachraum haben die „idealistische Morphologie" und die Anthroposophie des späten Rudolf Steiner (zu ihm einige Worte in Abschn. 13.2) bis in die jüngste Zeit die Meinungshoheit innegehabt, weshalb Goethe in der wissenschaftlichen Biologie der Gegenwart eine gänzlich unbekannte und nie genannte Größe ist.

4 Goethes Urpflanze und ihre Metamorphose

Das Bild von Beständigkeit gemäß einem Archetyp einerseits und der Gestaltwandel in der keimenden und wachsenden Pflanze andererseits waren konträre Sichtweisen und Erfahrungen, die Goethe bei seinen botanischen Studien nicht losließen. Der deutsche Bildungsbürger weiß: Goethe war nicht nur ein begnadeter und weltberühmter Dichter, nicht nur ein mit vielerlei Geschäften betrauter Minister in Weimar, er war auch Naturforscher, hielt die größte Sammlung von Mineralien und Gesteinsproben in Europa, gilt als Begründer der psychologischen Farbenlehre und der biologischen Morphologie. Er prägte 1796 den Begriff Morphologie; diese Sichtweise erwuchs aus der vergleichenden Anatomie und hatte zum Ziel, in der Vielfalt der Formen gemeinsame Baupläne zu erkennen.

4.1 Die Suche nach der Urpflanze

Wir begleiten Goethe auf seiner italienischen Reise in den Jahren 1786 bis 1788 (Reisebericht fertiggestellt 1817, Abb. 4.1). Hierbei betreibt er (auch) seine mit viel Begeisterung betriebenen botanischen Studien, besucht botanische

Goethe: Italienische Reise 1786-1788

Abb. 4.1 Illustrationen zu Goethes *Italienische Reise*. Porträt Goethes von G. O. May 1779; unten: eine aquarellierte Handzeichnung Goethes, © erloschen

Gärten und versucht, in der Vielfalt der Pflanzenformen einen einheitlichen Bauplan zu erkennen. Seiner Meinung nach sollte es doch eine Pflanzenart geben, die eben die gemeinsame Grundform der Blütenpflanzen repräsentiert, aber auch nicht mehr – die Urpflanze. Von ihr sollten sich alle anderen Blütenpflanzen durch artspezifische Zutaten und sukzessive Abwandlung der Merkmale ableiten lassen, so wie sich bei der keimenden Pflanze die Blattform sukzessive von einfachen zu vielgestaltigen, z. B. gefiederten, Blättern abwandelt (Abb. 4.2).

Goethe schreibt: „… und ich suchte diese nunmehr überall zu verfolgen und wieder gewahr zu werden. … Eine solche muß es doch geben. Woran würde ich sonst erkennen, daß dieses oder jenes eine Pflanze sei, wenn sie nicht nach einem Muster gebildet wären" (aus Goethe *Italienische Reise*, redigierte Fassung 1816).

4.2 Metamorphose als Gestaltwandel im Zuge der Entwicklung vom Samen zur Pflanze und vom Ei zum Tier

Die Abwandlungen der Pflanzenteile im Zuge ihrer Entwicklung und ihres Wachstums belegt Goethe mit dem altgriechischen Begriff der Metamorphose (Gestaltwandel) und beschreibt Prinzipien der Metamorphose in seinem „Schriftchen" (Abb. 4.3) *Versuch, die Metamorphose der Pflanzen zu erklären* (Gotha, Verlag Ettinger 1790). Bekannte Verlage wie Göschen hatten nach Rücksprache mit professionellen Botanikern die Schrift abgelehnt.

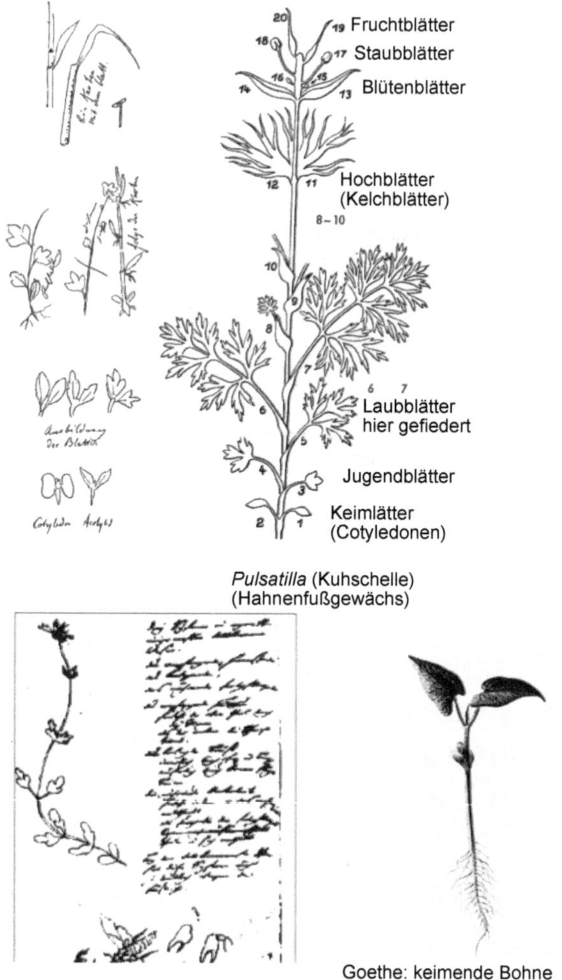

Abb. 4.2 Blattmetamorphose, d. h. Wandlung der Blattgestalt in der Entwicklung. Links Skizzen Goethes, rechts eine Pflanze (*Pulsatilla vulgaris*), welche solche Abwandlungen zeigt und Goethes Vorstellung einer Urpflanze nahe kommen könnte. Nach Zimmermann 1954

J. W. von Goethe

Herzoglich Sachſen-Weimariſchen Geheimenraths

Verſuch

die Metamorphoſe

der Pflanzen

zu erklären.

Gotha,

bey Carl Wilhelm Ettinger.

1790.

Charlotte von Stein
Die Adressatin des Gedichts
Die Metamorphose der Pflanze

Abb. 4.3 Goethe auf seiner Italienreise und die Metamorphose der Pflanze. Ausschnitt aus dem bekannten Gemälde von J. H. W. Tischbein 1786 (© erloschen) und Titelblatt der Erstausgabe der *Metamorphose* von 1790. Unten links: Charlotte von Stein, Commons, Zeichner nicht genannt; © erloschen

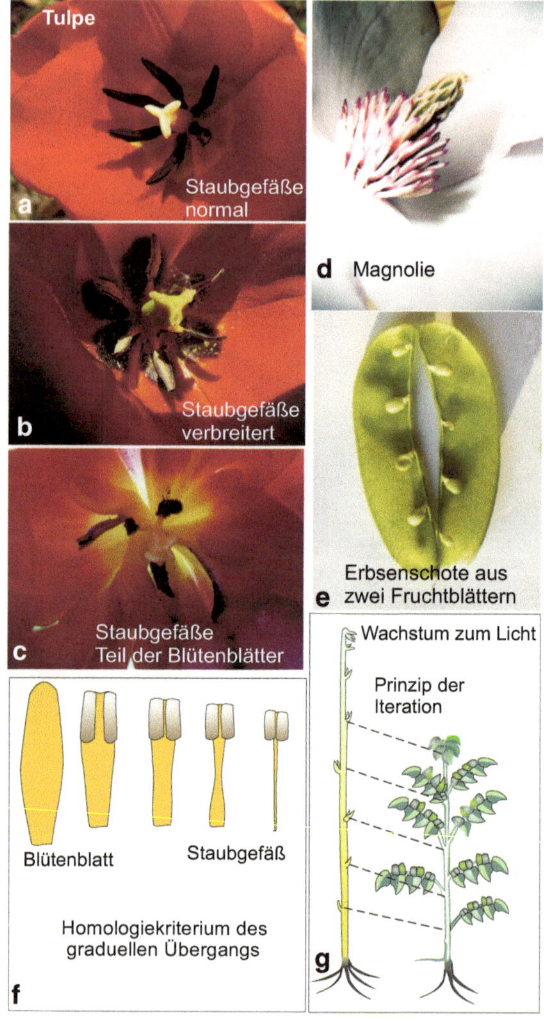

Abb. 4.4 Der Übergang von Blütenblättern zu Staubgefäßen und Fruchtknoten kann von jedem Naturbeobachter nachvollzogen werden, wenn er geeignete Pflanzen vor Augen hat. Die Tulpe und ihre mutanten Formen standen im Garten des Autors und ebenso

Um der Urgestalt und ihren Abwandlungen nahezukommen, führt Goethe nach seiner italienischen Reise ausgiebige Versuche mit keimenden Pflanzen durch und lässt die Ergebnisse von Schülern der Weimarer Zeichenschule festhalten. Goethe beschränkt sich dabei auf einjährige krautige Pflanzen und findet drei Grundprinzipien verwirklicht:

1. Emporwachsen von der Erde zum Licht, vom Keim bis zur Vollendung in der Frucht.
2. Iteration: periodische Wiederholung – hier die periodische Bildung von Knoten entlang des Stängels als Orte von Blattanlagen (Abb. 4.4g). „Von Knoten zu Knoten ist der ganze Kreis der Pflanze im Wesentlichen geendigt."
3. Abwandlung des Grundorgans Blatt = Metamorphose im engeren Sinn. Goethe erkennt, wie auch professionelle Biologen seiner Zeit (z. B. Caspar Friedrich Wolff), dass Staubgefäße (Stamina) und Stempel (Pistill, Fruchtknoten) Abwandlungen des Grundthemas Blatt sind (Abb. 4.4).

Molekulargenetische Experimente belegen, dass sich Blätter in Blütenelemente umwandeln lassen; inzwischen kennt man eine ganze Reihe dafür verantwortlicher Gene (z. B. Lippman et al. 2008).

Goethe wäre nicht Goethe, gäbe es nicht auch noch ein Gedicht zur Metamorphose der Pflanze, gewidmet der von ihm verehrten Frau Charlotte von Stein. Hier einige Zeilen:

die Magnolie, die Goethe noch nicht kannte; **g** Wachstum einer Pflanze, zeigt das Prinzip der Iteration, der Wiederholung von Knoten zu Knoten, und das Prinzip des Wachstums zum Licht. Bei sehr schwachem Licht erfolgen das Emporwachsen des Stängels beschleunigt, das Auswachsen und Ergrünen der Blätter verzögert (Etiolement). Illustrationen **f** und **g** sind Zeichnungen des Autors

Die Metamorphose der Pflanzen

Dich verwirret, Geliebte, die tausendfältige Mischung
Dieses Blumengewühls über dem Garten umher;
…
Alle Gestalten sind ähnlich, und keine gleichet der andern;
Und so deutet das Chor auf ein geheimes Gesetz,
…
Werdend betrachte sie nun, wie nach und nach sich die Pflanze,
Stufenweise geführt, bildet zu Blüten und Frucht.
…
Einfach schlief in dem Samen die Kraft; ein beginnendes Vorbild
Lag, verschlossen in sich, unter die Hülle gebeugt,
Blatt und Wurzel und Keim, nur halb geformet und farblos;
Trocken erhält so der Kern ruhiges Leben bewahrt,
…
Gleich darauf ein folgender Trieb, sich erhebend, erneuere
Knoten auf Knoten getürmt, immer das erste Gebild.
Zwar nicht immer das gleiche; denn mannigfaltig erzeugt sich,
Ausgebildet, du siehsts, immer das folgende Blatt,
Ausgedehnter, gekerbter, getrennter in Spitzen und Teile,
…
Blattlos aber und schnell erhebt sich der zärtere Stengel,
Und ein Wundergebild zieht den Betrachtenden an.
Rings im Kreise stellet sich nun, gezählet und ohne
Zahl, das kleinere Blatt neben dem ähnlichen hin.

…
Jede Pflanze verkündet dir nun die ewgen Gesetze,
Jede Blume, sie spricht lauter und lauter mit dir.
…
Denke, wie mannigfach bald die, bald jene Gestalten,
Still entfaltend, Natur unsern Gefühlen geliehn!
Freue dich auch des heutigen Tags! Die heilige Liebe
Strebt zu der höchsten Frucht gleicher Gesinnungen auf,
Gleicher Ansicht der Dinge, damit in harmonischem Anschaun
Sich verbinde das Paar, finde die höhere Welt.
(Gedicht in voller Länge: http://gutenberg.spiegel.de/buch/3670/203)

4.3 Die langfristige Umbildung der Organismen und Goethes erster Anhänger: Alexander von Humboldt

„Das Wechselhafte der Pflanzengestalten, … erweckte nun bei mir immer mehr die Vorstellung: die uns umgebenden Pflanzenformen seien nicht ursprünglich determiniert und festgestellt, ihnen sei viel mehr, bei einer eigensinnigen, generischen und spezifischen Hartnäckigkeit, eine glückliche Mobilität und Biegsamkeit verliehen, um in so viele Bedingungen, die über dem Erdkreis auf sie einwirken, sich zu fügen und danach bilden und umbilden zu können. Hier kommen die Verschiedenheiten des Bodens in Betracht, …

kann das Geschlecht sich zur Art, die Art zur Varietät und diese wiederum durch andere Bedingungen ins Unendliche sich verändern; … Die allerentferntesten jedoch haben eine ausgesprochene Verwandtschaft, sie lassen sich ohne Zwang untereinander vergleichen" (aus Goethe, *Der Verfasser teilt die Geschichte seiner botanischen Studien mit*, Fassung 1831, z. B. in Becker 1999).

Goethe war indes nicht der einzige, der die Existenz von Prototypen und deren Abwandlung für möglich hielt. An dieser Stelle sei nur eine Persönlichkeit genannt, die sich direkt auf Goethe bezog: Alexander von Humboldt. Er schrieb: „Die Geographie der Pflanzen untersucht, ob man unter den zahllosen Gewächsen der Erde gewisse Urformen entdecken, ob man die spezifische Verschiedenheit als Wirkung der Ausartung und als Abweichung von einem Prototyp betrachten kann" (Humboldt, *Ideen zu einer Geographie der Pflanzen* 1807). Auf dem Widmungsblatt ist eine steinerne Buchseite zu sehen mit der Aufschrift „Die Metamorphose der Pflanze" und darunter die Worte: „An Goethe".

Ergänzend sei hier erwähnt: Goethe, Alexander und Wilhelm von Humboldt und Schiller kannten einander persönlich (Abb. 4.5).

4.4 Die Urpflanze – eine phylogenetische Stammform oder eine bloße Idee?

In einem Brief vom 9. Juli 1817 an Charlotte Stein schreibt Goethe: „Es ist ein Gewahrwerden der wesentlichen Form, mit der die Natur gleichsam immer nur spielt und spie-

Abb. 4.5 Goethe, Schiller, Alexander und Wilhelm Humboldt in Schillers Garten in Jena 1797. Bildautor nicht bekannt, © erloschen

lend das mannigfaltige Leben hervorbringt. Hätt ich Zeit in dem kurzen Lebensraum, so getraut ich mich es auf alle Bereiche der Natur – auf ihr ganzes Reich – auszudehnen“ (Sämtliche Werke, Frankfurter Ausgabe 1985ff).

In der Literatur über Goethe wird weitgehend einheitlich abgestritten, dass die Urpflanze als phylogenetische Stammform anzusehen sei; sie sei vielmehr nur als abstrakte Idee zu verstehen, und es lässt sich auch keine Stelle in Goethes Werk finden, in der Pflanzenarten als Ergebnis von Abwandlungen ursprünglich anders gestalteter Pflanzen im Zuge von Generationsfolgen betrachtet werden. Goethe sucht die Urpflanze in der Gegenwart, jedoch in der realen Natur, nicht in der bloßen abstrakten Vorstellung. Weil er sie aber in der Gegenwart zu finden hofft, sucht er sie vergebens, obzwar der von Goethe hochgeschätzte und mit einem Gedicht bedachte *Ginkgo biloba* der mutmaßlichen Stammform der Samenpflanzen nahesteht (Abb. 4.6). Und so kommt es zu einem denkwürdigen Disput mit Schiller:

Schiller schreibt: „Das ist keine Erfahrung, das ist eine Idee.“ Goethe erwidert: „Das kann mir lieb sein, dass ich

Abb. 4.6 Urtümliche Pflanzen. **a** Unterer Teil eines Originalblattes aus Goethes Handschrift mit Gedicht. Der Ginkgobaum gilt als „lebendes Fossil", das der Stammform der Samenpflanzen (Gymnospermen plus Angiospermen) nahesteht. **b** Die fossile *Rhynia* gilt als Stammform der Landpflanzen (Kormophyten) oder dieser nahestehend (Bild gezeichnet vom Autor). **c** Bei der Art *Amborella trichopoda*, die nur in Neukaledonien, Südpazifik, vorkommt, gibt es keine Unterschiede zwischen Blüten- und Staubblättern. Sie gilt als die ursprünglichste Form unter den noch lebenden Blütenpflanzen (Angiospermen). Bilder von Prof. Dr. Wilhelm Barthlott (©), Bonn, wiedergegeben mit dessen freundlicher Genehmigung

Ideen habe, ohne es zu wissen, und sie sogar mit Augen sehe" (aus Schillers Beitrag *Glückliches Ereignis* in *Zeitschrift für Morphologie* 1876, in Becker 1999).

Daraufhin macht Goethe einen Rückzug: Er spricht im Zusammenhang mit dem Archetyp einer Blütenpflanze nur noch von „Idee", „Modell", „symbolischer Pflanze", „Typus", „Urbild".

Gleiches gilt für das erhoffte „Urtier" (beachte: nicht „Urstier", s. Abschn. 8.5). „Wie ich früher die Urpflanze gesucht, so trachtete ich nunmehr das Urtier zu finden, das heißt denn doch zuletzt den Begriff, die Idee des Tieres" (u. a. in May 2012).

Und so sind in der Literatur über Goethe auch Autoren zu finden, die in der Urpflanze und dem Urtier eine „platonische Idee" sehen wollen, und dies nicht ohne Grund.

4.5 Woher kommt das Beständige? Warum gleichen Lebewesen ihren Eltern? Ein überraschender Rückverweis auf die antike Philosophie

Goethe schreibt: „... ihnen [den Pflanzenformen] sei viel mehr, bei einer eigensinnigen, generischen [= von der Herkunft bestimmten] und spezifischen [= artgemäßen] Hartnäckigkeit, eine glückliche Mobilität und Biegsamkeit verliehen, um in so viele Bedingungen, die über dem Erdkreis auf sie einwirken, sich zu fügen und danach bilden und umbilden zu können" (in: *Der Verfasser teilt die Geschichte seiner botanischen Studien mit*, 1831)."

In Goethes Schriftenreihe *Zur Naturwissenschaft überhaupt, besonders zur Morphologie* findet sich der bemerkenswerte Aufsatz *Bedenken und Ergebung.* Darin heißt es, „daß der Philosoph wohl möge Recht haben welcher behauptet, daß keine Idee der Erfahrung völlig kongruiere, aber wohl zugibt, dass Idee und Erfahrung analog sein können, ja müssen… Die Idee ist unabhängig von Raum und Zeit" (zitiert u. a. in Becker 1999).

Hier kann, ja muss ein Verweis auf Platon als „den Philosophen" gesehen werden. Im gleichen Aufsatz heißt es:

„Zum Schluß ein Schema, um weiteres Nachdenken aufzuregen"

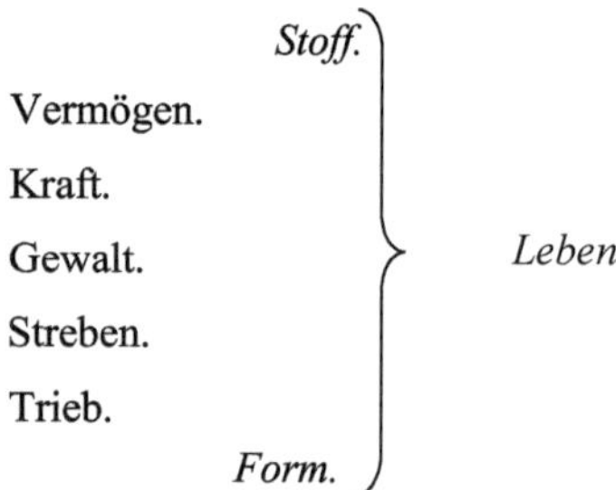

In diesem Schema findet der Leser, dem die antike Gedankenwelt nicht ganz fremd ist, einen klaren Hinweis auf Aristoteles.

Goethe meint dazu: „Plato … Aristoteles … Wie die Völker teilen sich die Jahrhunderte in der Wertschätzung beider … und es ist ein großer Vorzug des unseren, daß die Hochschätzung beider sich im Gleichgewicht hält, wie schon Raffael in der sogenannten Schule von Athen beide Männer… gegeneinander übergestellt hat" (Abb. 4.7) (aus *Geschichte der Farbenlehre, III Zwischenzeit,* Sämtliche Werke, Frankfurter Ausgabe).

Abb. 4.7 Platon und Aristoteles, Ausschnitt aus dem Fresko Raffaels *Die Schule von Athen* in den Stanza della Segnatura des Vatikans. Commons

5 Der über Jahrhunderte bestimmende Einfluss der griechischen Antike auf das abendländische Weltbild

5.1 Platon, Verkünder unsterblicher Ideen und einer dem Kosmos innewohnenden Weltseele

Platon, der von ca. 427 bis 347 v. Chr. lebte, war ein bedeutender Philosoph, Schriftsteller, Lehrer, und gelehriger Gesprächspartner großer Mathematiker seiner Zeit. Seine Vorstellung einer von uns unabhängigen Welt der Ideen (griechisch: *eidos*, latinisiert *idea* für „Bild", „Art") hat das europäische Weltbild über Jahrhunderte mitgeprägt. Die Gestalt eines Diskuswerfers ist in der Vorstellungswelt des Künstlers unabhängig von Materie zugegen; sie kann in Marmor, Bronze oder anderen Materialien verwirklicht werden. Platons Ideen sind jedoch nicht nur Gedanken, Fantasiebilder oder Einfälle in unserem heutigen Sinne, sondern unabhängig von uns existierende vollkommene, immaterielle Urbilder, denen materielle Objekte in unvollkommener Weise nachgebildet sind. Geometrische Objekte

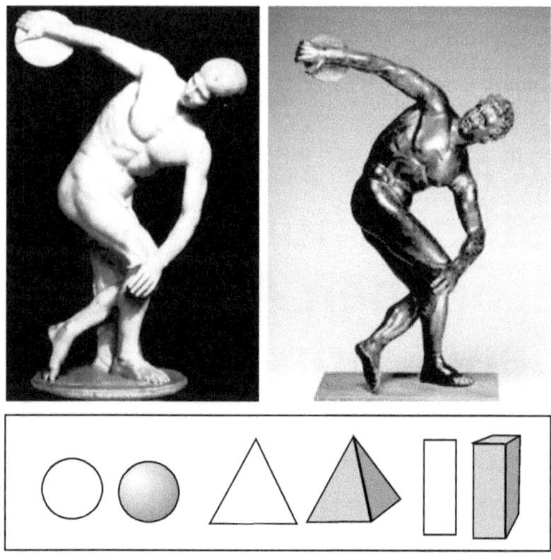

Abb. 5.1 Figuren, die eine Idee verkörpern; sie können mit verschiedenen Materialien verwirklicht werden

wie Kreis, Kugel oder Pyramide (Abb. 5.1) existieren in vollkommener Form als geistige Wesenheiten in einer von uns unabhängigen, immateriellen Welt, und sie existieren ewig. Platon hat auch den Begriff „Weltseele" (*psyché tou pantós,* lateinisch: *anima mundi*) geprägt (in Timaios und Nomoi, in Eigler 1990). Weltseele ist ein Begriff, der bei Goethe wiederzufinden ist, so in den Gedichten *Weltseele* und *Eins und Alles.* Nach Platon ist die Weltseele eine vom Weltschöpfer dem Kosmos beigegebene, geistige Wesenheit, die stets in Bewegung ist und den materiellen Dingen Bewegung ermöglicht (und in dieser Hinsicht mit der heutigen physikalischen Energie verglichen werden könnte).

5.2 Aristoteles, der erste Autor zoologischer Lehrbücher, lehrt das Abendland: Lebewesen werden von der Seele (Psyche) gestaltet

Von noch größerer Bedeutung für das Weltbild des Abend- und Morgenlandes von der Antike über das Mittelalter bis in die Zeit Goethes war Aristoteles (384–322 v. Chr.), Sohn eines Arztes und Schüler Platons, Philosoph, Philologe, Physiker, Staatslehrer und Erzieher des makedonischen Prinzen Alexander, den die Nachwelt Alexander den Großen nennen sollte. Aristoteles war ein begeisterter Naturforscher und der Erste, der (allerdings nur fragmentarisch erhaltene) Lehrbücher der Zoologie und Entwicklungsbiologie schrieb. Es zählen dazu das vielbändige Werk *Geschichte der Tiere* (*Peri ta zoa historiai*, lateinisch *Historia animalium*) und das fünfbändige Werk *Von der Zeugung und Entwicklung der Tiere* (*Peri zoon geneseos*; lateinisch *De generatione animalium*). Weitere Ausführungen zur Biologie sind in den Büchern über die Seele (*Peri psyches*; lateinisch *De anima*) und in der *Metaphysik* zu finden.

Aristoteles unterschied vier Möglichkeiten, wie Organismen entstehen können: Urzeugung aus einem Urstoff, der im Wasser und Schlamm enthalten sei; auf diese Weise entstünden Muscheln, Quallen, Schnecken, Krebse, Würmer, Fliegen und sogar Aale. Die anderen drei Entstehungsweisen seien Knospung, zwittrige und getrenntgeschlechtliche Fortpflanzung.

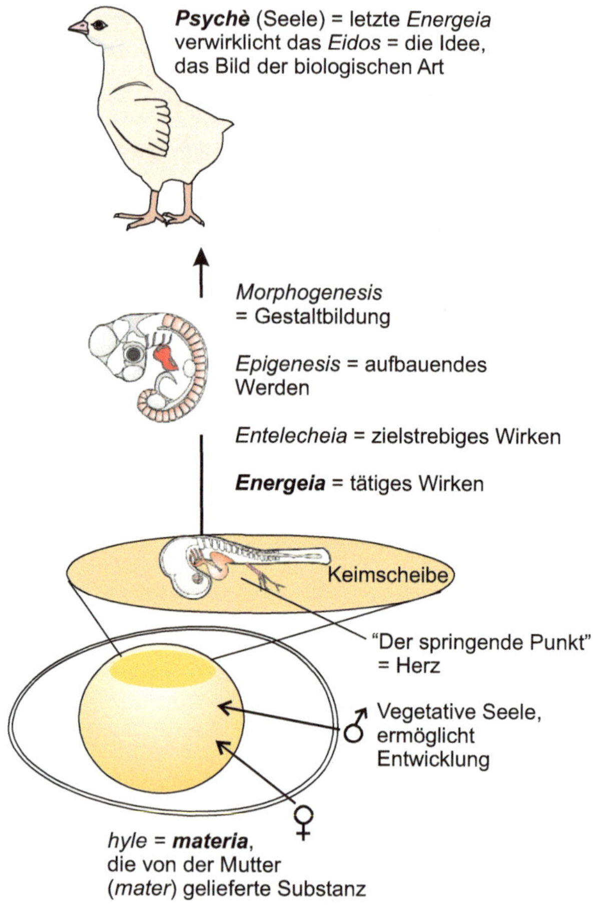

Abb. 5.2 Hühnchenentwicklung in der Deutung und Terminologie des Aristoteles. Aristoteles ließ befruchtete Eier erbrüten und zu verschiedenen Zeiten öffnen. Aus seiner Beschreibung der Entwicklung stammen fundamentale Begriffe wie Energie und Morphogenese (dem Begriff Energie verwendet Aristoteles auch noch in anderer, dem Energiebegriff der Physik nahekommender Weise). Ob sich Materie von *mater* = Mutter ableitet, ist unklar

Aristoteles ließ befruchtete Eier des Huhns zu verschiedenen Zeiten des Erbrütens öffnen und beschrieb die Entwicklung des Kükens (Abb. 5.2). Nach seiner Beobachtung (u. a. Bäumer-Schleinkofer 1993) liegt anfänglich eine von der Mutter (griechisch und lateinisch *mater*) ins Ei gefüllte, unstrukturierte Masse (*hyle*, lateinisch *materia* für „Materie") vor, die im Zuge einer Morphogenese (Gestaltbildung) Form erhält. Inmitten der sich herausbildenden Gestalt beobachtete er den „springenden Punkt", das pochende Herz. Ziel der Morphogenese sei das *ergon*, das fertige Werk, die Arbeit im Sinne des Künstlers. Gestaltendes Prinzip sei die *energeia* (Energie, das im Inneren (*en*) tätige Wirken (*ergeia*), die Verwirklichung einer Potenz), auch *entelecheia* genannt: dasjenige, welches das Ziel (*telos*) in sich trägt (*echein* für „haben"). Energie bzw. Entelechie sind Wirk- und Finalursache zugleich (Wirkursache = hervorbringende Ursache; Finalursache = Zweck, Ziel des Wirkens). Um eine artspezifische Gestalt hervorbringen zu können, müsse das wirksame Prinzip eine Vorstellung (*eidos* für „Bild", „Idee") haben von dem, was geschaffen werden soll. Deshalb sei die letzte Wirkursache, die letzte Entelechie, die *psyche* (= Seele, Geist, Psyche).

„Sie [die Psyche, Seele] bewirkt die Bildung … eines anderen, ähnlichen Organismus. Ihre wesentliche Natur existiert bereits; … sie bewahrt nur ihre eigene Existenz; … Die primäre Seele ist das, was in der Lage ist, die Art zu reproduzieren" (Aristoteles, *On the Generation of Animals*, eBooks@Adelaide 2007, Bäumer-Schleinkofer 1993, Lawrence 2014).

Die Seele besitzt, in die heutige Sprache der Biologie übersetzt, „genetische Information."

Aristoteles unterschied in *De Anima* (*Über die Seele*) mit Platon (die Begriffe haben sich über das Mittelalter hinweg in Latein erhalten) eine

- vegetative Seele (lateinisch *anima vegetativa*), die in allen Lebewesen tätig sei und Leben und Wachstum überhaupt ermögliche; eine
- animale Sinnenseele (*anima sensitiva*), die Empfindung ermögliche, und eine
- Geistseele (*anima spritualis*), die Denken ermögliche.

Die vegetative Seele ermögliche der Pflanze Regeneration und enthalte die formende Kraft auch der tierischen Entwicklung. Sie wohne dem Samen des Mannes inne und werde in der Zeugung vom Vater auf das Kind übertragen, während die Mutter den zu formenden Stoff, die Materie, als amorphen Monatsfluss liefere.

Die Geistseele sei ewig, unsterblich, sei leidenslose, reine Energie und betrete den Körper des Menschen „durch eine Tür". Man kann vermuten, dass diese Vorstellung den hinduistisch-buddhistischen Glauben an eine Seelenwanderung widerspiegelt und über das Netz der damals schon existierenden Seidenstraßen nach Europa gelangte.

Aristoteles hat mit seinen Auffassungen Jahrhunderte geprägt. Bei allem Respekt vor seiner Persönlichkeit – was er über Zeugung und Befruchtung behauptete, sollte höflich verschwiegen werden. Eine von ihm geäußerte Meinung sei jedoch erwähnt; denn sie hatte Einfluss auf das europäische und islamische Weltbild: Das Weibliche sei unvollkommener als das Männliche, verhalte sich wie das Stoffliche zu dem Formgebenden, letztendlich wie die weibliche Materie zur männlichen Seele.

Aristoteles prägte auch das wirkungsmächtige Bild einer Stufenleiter des Seienden, die mit ewiger anorganischer Materie, welche die Potenz zum Leben in sich birgt, beginnt und in Stufen über das Pflanzenreich und das Reich der niederen Tiere zu den Affen und schließlich zum Menschen hinauf führt (Abb. 5.3): Dieses Bild wirkte über das Mittelalter bis in die Zeit Goethes, wobei allerdings im christlichen Weltbild gemäß dem Buch Genesis der Bibel angenommen wurde, die Welt habe vor ca. 6000 Jahren begonnen (nach Berechnungen der Generationsfolge von Adam und Eva bis zur Gegenwart durch Martin Luther u. a.), und alle Organismen seien einmalig als getrennte Arten erschaffen worden (mit Ausnahme des garstigen, immer neu durch Urzeugung entstehenden Ungeziefers).

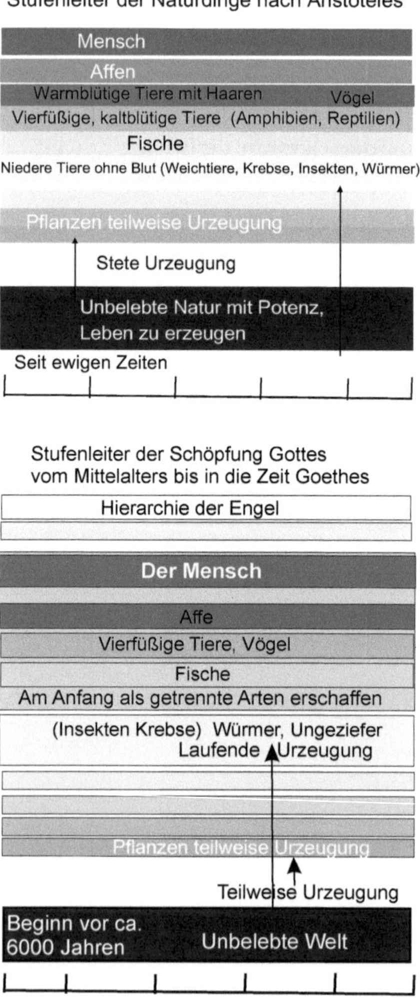

Abb. 5.3 Stufenleiter der Organismen nach Aristoteles und Stufenleiter der Geschöpfe Gottes im christlichen Mittelalter. Sowohl im Altertum als auch im Mittelalter und bis in die Zeit Goethes wurde auch Urzeugung aus der Erde-Wasser-Gemisch angenommen

6

Frühe Neuzeit bis zur Zeit Goethes: Präformation und Mechanizismus, Epigenese und Vitalismus, Urzeugung durch eine göttliche Weltseele

Goethe musste sich mit zwei Hauptströmen einer biologischen Entwicklungslehre seiner Zeit auseinandersetzen, die sich vor seiner Zeit ausgebildet hatten und immer noch die Gemüter der Gelehrten bewegten: mit der Lehre von der Präformation und der Lehre der Epigenese.

Obzwar nach der Bibel Gott alle Lebewesen am Anfang der Welt erschaffen haben sollte, glaubte alle Welt weiterhin an die Urzeugung: Mindere Lebewesen wie Würmer und Flöhe entstünden direkt aus der Erde, verrottendem Material oder tierischen Ausscheidungen, eine Auffassung, die erst nach Darwin durch Louis Pasteur definitiv widerlegt werden sollte. Goethe selbst machte allerlei Versuche mit verrottendem Material und beschrieb in seinen Tagebüchern ausführlich das Auftauchen von „Infusorien“. Urzeugung bedeutet: Die Natur hat die in ihr innewohnende Potenz, Lebewesen zu erzeugen, doch kraft welcher Potenz? Welches ist die gestaltende Kraft, wer oder was gibt das Ziel vor?

Zwar galt Urzeugung spätestens seit William Harvey (1578–1657) für „höher entwickelte" Tiere nicht mehr. Harvey (1651) schrieb den Satz: „Wir behaupten…, dass alle Tiere, auch die lebendgebärenden, der Mensch nicht ausgenommen, von Eiern produziert werden." Die spätere Literatur verkürzt den Satz zu *„omne vivum ex ovo"* („alles Leben aus dem Ei"), inspiriert wohl vom Titelblatt der embryologischen Schrift Harveys *Exercitationes de Generatione Animalium*, auf dem ein Ei die Aufschrift trägt *„ex ovo omnia"*. Doch blieb mit dieser Erkenntnis die Frage unbeantwortet, wer oder was das einfach gestaltete Ei zu einem Lebewesen formt, das seinen Eltern gleicht.

6.1 Präformation und Mechanizismus: Entwicklung als bloß mechanisches Auswickeln von Vorgeformtem

Eine einfache Antwort schien die Lehre der Präformation (Abb. 6.1) zu geben. Gott habe im Schöpfungsakt, der sich auf drei Tage beschränkte, alles schon geschaffen. Alles sei in Miniaturform bereits vorhanden, im Samen der Pflanze, in der Pflanzenknospe, in der Eizelle oder dem Spermium des Tieres, das Vorhandene müsse nur ausgewickelt, evolviert werden. Die urprüngliche und noch zu Goethes Zeit so verstandene Bedeutung des Begriffs Evolution ist Auswickeln von bereits Vorhandenem!

Auswickeln ist pure Mechanik, keine Neubildung, keine echte Entwicklung in unserem Sinn. Wie denn auch die

Abb. 6.1 Illustration zur Präformationslehre. **a** Rosenknospe aus dem Garten des Autors, **b1** Ameisen-"Ei" = Ameisenpuppe, **b2** schlüpffähige Schlupfwespe der Gattung *Ichneumon,* aus der Wirtsraupe herauspräpariert (© An-Ly Yao-Kluge), **c** ineinander geschachtelte russische Puppen, Urheber nicht bekannt, **d** Bohnenblattläuse sind im Frühjahr lebendgebärend und erzeugen den Eindruck, die Mütter enthielten ihre (parthenogenetisch entstehenden) Nachkommen in Miniaturform vorgeprägt in ihrem Leib, Zeichnung des Autors

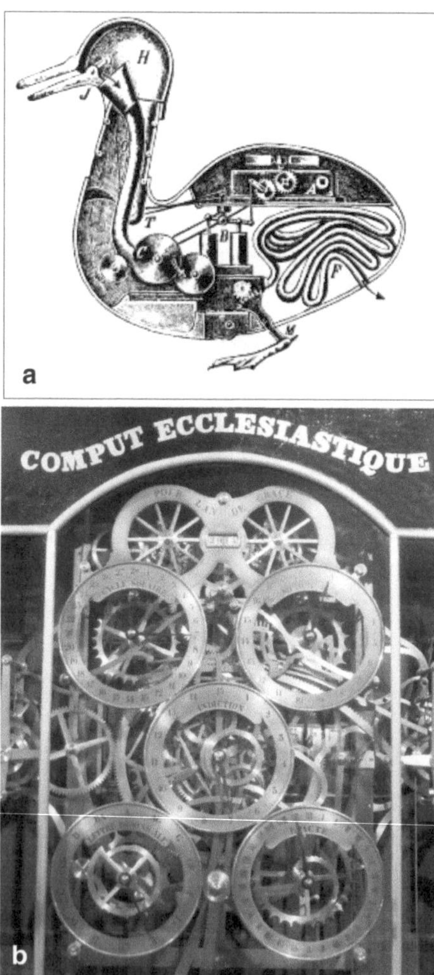

Abb. 6.2 Illustration zum Mechanizismus. **a** Mechanische Ente von Jacques de Vaucanson, 1738, **b** astronomische Uhr im Münster von Straßburg, Ausschnitt, Foto des Autors

Präformationslehre mit der Auffassung des Mechanizismus harmonisierte: Lebewesen seien Maschinen. Es war die Blütezeit der Mechanik, als die wunderbaren astronomischen Uhren im Münster von Straßburg (Bauzeit 1176 bis 1439, Abb. 6.2), am Rathaus von Prag (1410) und in vielen weiteren Orten wie der Marienkirche in Rostock (1472) entstanden.

Ein zu Goethes Zeit lebender Vertreter dieser Auffassung war der damals weithin bekannte Schweizer Anatom, Physiologe, Botaniker und Publizist Albrecht von Haller (1708–1777). Haller behauptete kategorisch: „*Nulla est epigenesis*", es gibt keine Neubildung. Er folgte mit dieser Auffassung den Begründern der mikroskopischen Anatomie. Antoni van Leeuwenhoek (1632–1723) schrieb 1677 „… dass der menschliche Fetus, obzwar nicht größer als eine Erbse, mit all seinen Teilen ausgestattet ist". (Erläuterung hierzu: Wenn der ursprünglich nur 0,1 mm große Embryo die Größe einer Erbse erreicht hat, sind in der Tat schon alle Teile in ihrer groben Form bereits gebildet.)

Leeuwenhoek glaubte wie andere frühe Mikroskopiker (z. B. Hartsoeker), auch im neu entdeckten Samen kleine Tierchen (*animalcula* oder *zoa*) gesehen zu haben (später benannte Karl Ernst von Baer die Zoa um in Spermatozoa oder Samentiere). In den menschlichen Samenzellen glaubten diese Mikroskopiker Homunculi zu sehen, kleine vorgeformte Menschlein mit relativ übergroßen Köpfen (Abb. 6.3).

Der Goethe-Kenner weiß: Der Homunculus ist auch eine Figur in Goethes *Faust II*, entstanden durch Alchemie:

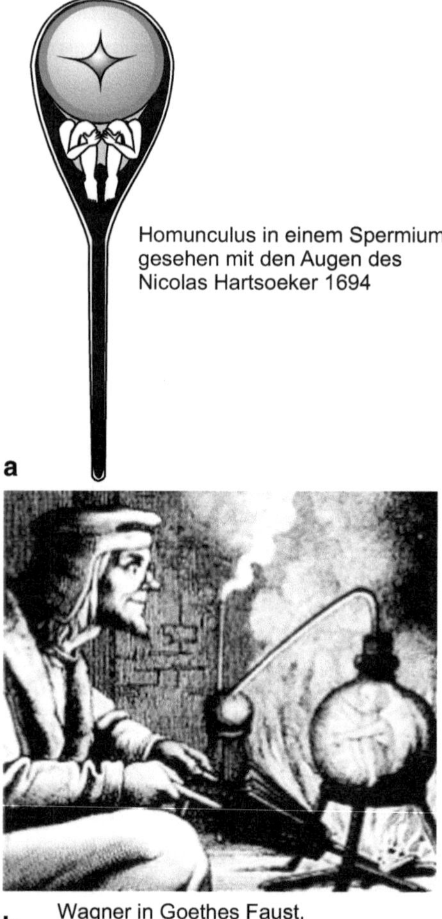

Abb. 6.3 Homunculus, **a** nach einem alten Stich umgezeichnet, **b** Ausschnitt aus einer Illustration zu Goethes *Faust*, Autor nicht bekannt, © erloschen

Es leuchtet! seht! – Nun läßt sich wirklich hoffen,
Daß, wenn wir aus vielen hundert Stoffen
Durch Mischung – denn auf Mischung kommt es an –
Den Menschenstoff gemächlich componiren,
In einen Kolben verlutiren
Und ihn gehörig cohobiren,
So ist das Werk im Stillen abgethan.
Es wird! die Masse regt sich klarer!
Die Ueberzeugung wahrer, wahrer!
Was man an der Natur Geheimnisvolles pries,
Das wagen wir verständig zu probiren,
Und was sie sonst organisiren ließ,
Das lassen wir krystallisiren.

Embryonen sollten aus den Homunculi durch Wachstum hervorgehen. Die Doktrin der Präformation führte indes alsbald zu allerlei vertrackten Problemen.

Wenn die ontogenetische Entwicklung nur in einer mechanischen Entfaltung von Vorgeformtem bestand, mussten da nicht alle Generationen vom Anbeginn der Welt bis zu ihrem Ende schon vorgeformt vorliegen? *Emboitment* (In-sich-Einschließen) war die Antwort. Wie bei russischen Puppen (Abb. 6.1c) steckt im Inneren eines ersten Wesens ein kleineres zweites Wesen, darin steckt wieder ein noch kleineres usf. Nach Berechnungen von Antonio Vallisneri (1661–1730) sollten im Ovar der Urmutter Eva ineinander verschachtelt 200 Millionen Menschen enthalten gewesen sein, und dies sollte bis ans Ende der Welt reichen.

In seinem Aufsatz *Bedenken und Ergebung* (1820, in Becker 1999) schrieb Goethe: „Kehren wir in das Feld der Philosophie zurück und betrachten Evolution [hier im Sinne von Auswickeln] und Epigenese, so scheinen dies

Worte zu sein, mit denen wir uns nur hinhalten. Die Einschachtelungslehre wird freilich dem Höhergebildeten gar widerlich, aber bei der Lehre eines Auf- und Annehmens [gemeint Epigenese], so wird immer ein Aufnehmendes und Aufzunehmendes vorausgesetzt, und wenn wir keine Präformation denken mögen, so kommen wir auf eine Prädelineation, Prädetermination, auf ein Prästabilisieren, und wie das alles heißen mag…"

Wir könnten heute Goethe aus seiner Not helfen, indem wir auf die genetische Information als Vorherbestimmendes hinweisen.

Äußerungen gegen Präformationslehre und Hinweise auf den Beginn der experimentellen Entwicklungsforschung finden wir bei Johann Gottfried Herder (zu ihm mehr in Abschn. 8.2). Herder schrieb in seinem Werk *Ideen zur Philosophie der Geschichte der Menschheit* (1782–1788).: „Im ersten Samenkorn der Schöpfung hat kein Zergliederer [gemeint: Anatom] alle künftigen Keime entdeckt. Der Übergang von den Pflanzen zu den Pflanzenthieren stellt dies noch deutlicher dar. Der Polyp ist kein Magazin von Keimen die in ihm, etwa für das grausame Messer des Philosophen, präformirt lagen."

Dieser „Philosoph" ist der Genfer Gelehrte Abraham Trembley, der mit seinen Regenerationsversuchen am Süßwasserpolypen *Hydra*, veröffentlicht 1740, das Zeitalter der experimentellen Entwicklungsforschung eingeläutet hatte.

Weiter schrieb Herder: „Der Polyp scheint wie die Pflanze zu blühen und ist Thier: er sucht und genießt seine Speise thierartig; er treibt Schößlinge und es sind lebendige Thiere: er erstattet sich [gemeint: regeneriert], wo er sich erstatten kann – das größte Kunstwerk, das je ein Geschöpf vollführte."

Zur Erläuterung für Nichtbiologen: Die ca. 0,5 cm großen Süßwasserpolypen sind zwar keine „Pflanzenthiere", sondern echte Tiere mit Sinnes-, Nerven- und Muskelzellen; trotzdem kennen sie keinen natürlichen Tod. Gut genährt produzieren sie, in dieser Hinsicht vielen Pflanzen ähnlich, durch Knospung Nachkommen, die ihrerseits Nachkommen erzeugen; und so können über Jahrhunderte viele Milliarden Polypen entstehen, ohne dass ein Ei ins Spiel käme. Sexuelle Fortpflanzung über befruchtete Eizellen kann zwar mal an diesem mal an jenem Ort unter widrigen Umweltbedingen eingeschaltet werden, ist aber ein verzichtbares Ereignis bei anhaltend guten Bedingungen. Darüber hinaus können die Tiere, wie im Text Herders angedeutet, mit dem Skalpell in kleine Stücke zerlegt werden, die zu kleinen Polypen regenerieren. Gefüttert wachsen diese heran und können alsdann wieder mit dem Skalpell zerlegt werden und so fort. Es ist unmöglich, dass ein bei der Erschaffung der Welt erzeugter Polyp versteckt all die Abermilliarden Polypen in sich barg, die seither produziert worden sind und weiterhin entstehen werden.

Gegen Mechanizismus brachte Herder vor: „Keine Tugend, kein Trieb ist im menschlichen Herzen, von dem sich nicht hie und da ein Analogon in der Thierwelt fände … sie dennoch als Maschinen betrachten zu wollen ist eine Sünde wider die Natur."

6.2 Epigenese und Vitalismus: Echte Neubildung dank einer besonderen Lebenskraft

Epigenese bzw. epigenetisch sind Begriffe, die bei Aristoteles zu lesen sind und noch bis in jüngste Zeit eine andere Bedeutung hatten, als sie heute in der Molekulargenetik haben. Heute versteht die Biologie unter epigenetisch eine durch chemische Modifikation des Erbmaterials (der DNA und/oder der die DNA begleitenden Proteine) verursachte Veränderung der Zugänglichkeit einer genetischen Information (dazu mehr in Abschn. 14.1 zum Neolamarckismus). Dem Wortlaut gemäß bedeutet bei Aristoteles (*On the Generation of Animals,* eBooks@Adelaide 2007) epigenetisch bzw. *epigenesis* „aufbauende Entstehung, Entwicklung vom Einfachen zum Komplexen" (*epi* = auf, aufbauend, dazukommend; *genein, genesis* = entstehen, Entstehung, Abstammung). Epigenese führt zu *morphogenesis*, zur Gestaltbildung. Hierfür war nach Aristoteles die *energeia* der *psyche* als tätiges und zielführendes Prinzip zuständig.

Zur Zeit Goethes wurden die Studien der Hühnchenentwicklung wieder aufgegriffen, so von Caspar Friedrich Wolff (1733–1794), der wie auch Goethe Staubgefäße und Fruchtknoten als Derivate von Blättern ansah. Goethe meinte über ihn: „ein trefflicher Vorarbeiter." In der Entwicklung des Hühnchens aus dem Ei sieht Wolff wieder Neubildung, Morphogenese aus formlosem Dottermaterial und schloss, wie weitere Vitalisten nach ihm, auf immaterielle Wirkprinzipien, auf eine *vis essentialis* oder *vis vitalis*, eine besondere Lebenskraft. Johann Friedrich Blumenbach (1752–1840), der Göttinger Anatom, zu dem Goethe eine zwiespältige Einstellung haben sollte, sprach von einem *nisus formativus,* einem „Bildungstrieb".

Goethe greift diesen Begriff auf und unterscheidet einen

- „konservativen Specifikationstrieb" (der Vererbung ermöglicht), von einem
- „progressiven Umbildungstrieb" (der Anpassung ermöglicht)

(aus Goethe *Aufsätze zur allgemeinen Pflanzenkunde: Bildungstrieb,* 1820, Sämtliche Werke).

6.3 Ist die schöpferische Natur selbst ein göttliches Wesen? Zu Goethes Weltanschauung

Welches sind nun aber die Quellen des konservativen und des progressiven Triebes? Wer oder was verleiht der Natur bewahrende und schöpferische Potenz? Zum Verständnis der fundamentalen, bis in die Gegenwart anhaltenden Auseinandersetzungen um die Evolutionstheorie ist es wichtig, sich zu vergegenwärtigen, dass es bis etwa zum Jahr 1940 in der ganzen Biologie, Naturwissenschaft und Technik einen Begriff noch nicht gab, der heute im Zentrum der Biologie steht, der Begriff der Information. Was wurde stattdessen diskutiert? Es musste in der Tradition der Weltsicht nahezu der ganzen Menschheit ein göttliches Wesen sein. In der Sicht des abendländischen Christentums und des Islams ist es ein außerhalb der Welt stehender, in die Welt hinein wirkender Gott.

Goethe selbst hingegen bekannte sich zu dem Philosophen Spinoza: In *Dichtung und Wahrheit* (1911–1814, www.zeno.org) rühmte Goethe Spinoza mit den Worten: „Die alles ausgleichende Ruhe Spinozas kontrastierte mit meinem alles aufregenden Streben. und machte mich zu seinem leidenschaftlichen Schüler, zu seinem entschiedensten Verehrer."

Baruch de Spinoza (1632–1677) war ein niederländisch-jüdischer Ethiker, Physiker und Miterfinder von

Mikroskopen und gilt als Begründer des Pantheismus: Das Universum in seiner Gesamtheit, in seinem gesamten materiellen und immateriellen Gehalt, ist göttlich und ewig. Aus dem Lateinischen aus seinen Opera (Werken, 1674) sinngemäß übersetzt, sagt er: „Denn Gott ist alles in allem, er ist in allem Wirklichen, in den Dingen wie im Menschen anwesend." Gott ist universale Naturkraft (Energie), die allem, was ist, seine Existenz verleiht. Geist und Materie sind eins (Monismus).

Goethe schrieb: „Wir können bei Betrachtung des Weltgebäudes, in seiner weitesten Ausdehnung, in seiner letzten Teilbarkeit, uns der Vorstellung nicht erwehren, daß dem Ganzen eine Idee zum Grunde liege, wonach Gott in der Natur, die Natur in Gott, von Ewigkeit zu Ewigkeit schaffen und wirken möge" (aus Goethe, *Zur Naturwissenschaft: Bedenken und Ergebung*, Sämtliche Werke).

Und in seinem Gedicht *Proömion* von 1812 (Projekt Gutenberg.de) drückte er es so aus:

Was wär' ein Gott, der nur von außen stieße,
Im Kreis das All am Finger laufen ließe?
Ihm ziemt's, die Welt im Innern zu bewegen,
Natur in sich, sich in Natur zu hegen,
So daß, was in ihm lebt und webt und ist,
Nie seine Kraft, nie seinen Geist vermißt.

7 Goethe als vergleichender Morphologe: Der Zwischenkiefer des Menschen und die Wirbeltheorie des Schädels

7.1 Goethes vergleichende Anatomie, von ihm auch als Morphologie bezeichnet, und der Urtypus des Säugetierschädels

Goethe sammelte viele Schädel von Säugetieren und diskutierte über ihren Bau mit Anatomen seiner Zeit, insbesondere mit Justus Christian Loder, Professor für Anatomie an der Universität Jena. Dabei gewann er den Eindruck, dass bei aller Verschiedenheit ein gemeinsamer Grundbauplan vorliege. In seiner Einleitung zu einer beabsichtigten vergleichenden Anatomie (wiedergegeben z. B. in Becker 1999) schreibt er: „Deshalb geschieht hier ein Vorschlag zu einem anatomischen Typus, zu einem allgemeinen Bilde, worin die Gestalten sämtlicher Tiere, der Möglichkeit nach, enthalten wären … Schon aus der allgemeinen Idee eines Typus folgt, daß kein einzelnes Tier als ein solcher Vergleichskanon aufgestellt werden könne; kein Einzelnes kann Muster des Ganzen sein." Nach eigenem Zeugnis war Goethe so in vergleichender Anatomie bewandert, dass er sagen konnte, „ich weiß meine Osteologie auf den Fingern auswendig herzusagen und bey jedem Thierskelet die Theile nach dem Nahmen, welche man den menschlichen beigelegt hat, sogleich zu finden und zu vergleichen" (Goethe, Brief Nr. 92 an den befreundeten Paläontologen und Verleger Johann Heinrich Merck 1781, Sämtliche Werke, Frankfurter Ausgabe).

7.2 Die historische Bedeutung des (wieder-)entdeckten Zwischenkieferknochens

Zum einstigen Bildungskanon des deutschen Bürgers gehört das Wissen, Goethe habe den Zwischenkieferknochen des Menschen entdeckt, genauer gesagt, wiederentdeckt; denn das Wissen darum war verloren gegangen oder aufgrund eines Vorurteils ignoriert worden. Das *Os intermaxillare* ist jenes Knochenelement, das die Schneidezähne trägt (Abb. 7.1) oder deren homologe Modifikationen wie die Stoßzähne des Elefanten (von Goethe richtig als Derivate von Schneidezähnen erkannt).

Welche Bedeutung hat dies? Das Fehlen eines Zwischenkieferknochens galt bei allen bedeutenden Anatomen zu Goethes Zeit als Beleg dafür, dass der Mensch nicht in die Verwandtschaft der Säugetiere gehöre, sondern von Anfang seiner Erschaffung an eine Sonderstellung innehabe.

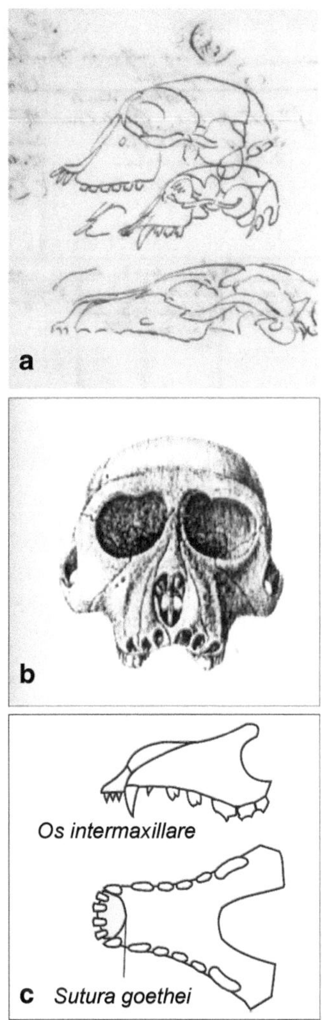

Abb. 7.1 Zwischenkieferknochen (Os intermaxillare = Praemaxillare) **a** Skizze Goethes, u. a. eines Schafschädels, **b** Affenschädel, mutmaßlich einer Meerkatze (Makake), im Auftrag Goethes in Kupfer gestochen, **c** Skizze des Oberkiefers eines Säugers

Besonders hervorzuheben ist Johann Friedrich Blumenbach, der oben schon erwähnte bedeutende Anatom an der Universität Göttingen, bei dem auch Alexander von Humboldt Vorlesungen hörte und der in seinem Hauptwerk *De generis humani varietate nativa* (*Über die natürlichen Unterschiede im Menschengeschlecht*, 1789) immerhin die Gleichwertigkeit der verschiedenen Menschenrassen betonte – auch für ihn galt: „… der Mangel dieses Zwischenkieferknochens, des Os intermaxillare, ist Charakter der Humanität; der Mensch hat gewiss keinen, nur der Hund hat einen Zwischenkiefer."

Goethe meinte indes: „Die nahe Verwandtschaft des Affen zu dem Menschen nötigte den Naturforscher zu peinlichen Überlegungen, und der vortreffliche Camper glaubte den Unterschied zwischen Affen und Menschen darin gefunden zu haben, daß jenem ein Zwischenknochen der oberen Kinnlade zugeteilt sei, diesem aber ein solcher fehle" (aus Goethe, *Jahrbücher für wissenschaftliche Kritik*, Berlin 1830, zitiert von Becker 1999). „Dieser vorderen Abteilung der oberen Kinnlade ist der Name Os intermaxillare gegeben worden. Die Alten kannten schon diesen Knochen und neuerdings ist er besonders merkwürdig geworden, da man ihn als ein Unterscheidungszeichen zwischen dem Affen und Menschen angegeben. Man hat ihn jenem Geschlechte zugeschrieben, diesem abgeleugnet, und … so würde ich … sagen, daß sich diese Knochenabteilung gleichfalls bei dem Menschen finde" (aus Goethe, *Dem Menschen wie den Tieren ist ein Zwischenknochen der Obern Kinnlade zuzuschreiben*, Jena 1786). An anderer Stelle schrieb er: „… so war nicht begreiflich, wie der Mensch Schneidezähne haben und doch des Knochen ermangeln sollte, worin sie eingefügt stehen. Ich suchte nach Spuren derselben und fand sie gar leicht“ (aus Goethe, *Nachträge zur vergleichenden Anatomie*, zitiert von Becker 1999).

Goethe suchte seinen Anatomen Loder auf, in dessen reichhaltiger Sammlung auch Schädel menschlicher Föten zu finden waren. Bei diesen sind die Knochenelemente noch nicht miteinander verwachsen und die Nähte noch klar zu erkennen. Als Goethe dies sah, war seine Freude darüber so groß, dass er noch am selben Abend des 27. März 1784 an Herder schrieb: „Ich habe gefunden, weder Gold noch Silber, aber was mir unsägliche Freude macht – das Os intermaxillare am Menschen! Ich verglich mit [Justus Christian] Lodern Menschen- und Tierschädel, kam auf die Spur, und siehe, da ist es. Nur bitt ich Dich, laß Dir nichts merken, es muß geheim gehalten werden“ (Sämtliche Werke, Frankfurter Ausgabe).

An Karl Ludwig von Knebel schrieb Goethe am 17. November 1784: „Hier schicke ich dir endlich die Abhandlung aus dem Knochenreiche, und bitte um deine Gedancken drüber. Ich habe mich enthalten das Resultat, worauf schon Herder in seinen Ideen deutet, schon ietzo mercken zu lassen, daß man nämlich den Unterschied des Menschen vom Thier in nichts einzelnem finden könne. Vielmehr ist der Mensch aufs nächste mit den Tieren verwandt“ (Sämtliche Werke, Frankfurter Ausgabe).

In der Interpretation der deutschen Geisteswissenschaftler besagt dies: „Goethe sah in dem Vorhandensein des Zwischenkieferknochens beim Menschen kein Indiz für die stammesgeschichtliche Verwandtschaft des Menschen mit den Tieren. Vielmehr sah er in der Existenz des Zwischenkieferknochens beim Menschen und bei den Wirbeltieren eine

Bestätigung seines Bildes von der Natur, die ihre ‚Geschöpfe' nach einheitlichen, bei allen Tieren und eben auch dem Menschen zu beobachtenden Gesetzen hervorbringe" (Wikipedia, Eintrag „Pariser Akademiestreit", http://de.wikipedia.org/wiki/Pariser_Akademiestreit, Zugriff 09. März 2014).

7.3 Goethe und der Homologiebegriff

Eine Erläuterung für Nichtbiologen: Homologie in der Biologie heißt: von einem gemeinsamen Ursprung abgeleitet. Homologe Strukturen stammen von einer gemeinsamen Ur-Struktur, homologe Gene von einem gemeinsamen Ur-Gen ab. Um in der vergleichenden Anatomie Strukturen als homolog ansprechen zu können, auch wenn sie in der Evolution in getrennten Abstammungslinien verschieden geworden sind, wendet man eine Reihe von Kriterien an. So sollte es Übergangsformen geben (s. Abb. 4.4f), und die Lagebeziehung zu anderen Strukturen, ihre Position im Zusammenhang ihrer Nachbarschaft, sollte gleich geblieben sein.

Noch ehe der englische Anatom Richard Owen (1804–1892) den Begriff Homologie einführte, hat Goethe, zumeist unter Worten wie Analogie, Ableitung und Verwandtschaft, Kriterien der Homologie genannt, vor allem in der Sammlung *Vorträge über die drei ersten Kapitel des Entwurfs einer allgemeinen Einleitung in die vergleichende Anatomie* (zitiert in Becker 1999). Darin wird angekündigt: „Bei unserer Vorarbeit zur Konstruktion des Typus werden wir vor allen Dingen die verschiedenen Vergleichsarten, deren man sich bedient, kennenlernen" (Vortrag I).

Das Kriterium der stetigen Abwandlung erscheint im Vortrag III *Über die Gesetze der Organisation überhaupt, insofern wir sie bei der Konstruktion des Typus vor Augen haben sollen*. Darin finden wir als Stichwort den „Begriff einer sukzessiven Verwandlung identischer Teile" und im Konkreten heißt es: „So ist z. B. in die Augen fallend, daß sämtliche Wirbelknochen eines Tieres einerlei Organe sind, und doch würde, wer den ersten Halsknochen mit einem Schwanzknochen unmittelbar vergliche, nicht die Spur von Gestaltähnlichkeit finden." (Zur heutigen Terminologie sei ergänzt: Homologe Strukturen innerhalb eines Individuums heißen auch paralog, zwischen verschiedenen Arten ortholog.)

Das Kriterium der relativen Lage der Teile zueinander wird im Vortrag III sowie in der Schrift *Erster Entwurf einer Einleitung in die vergleichende Anatomie* (diktiert 1795) erörtert. Ein einschlägiges wörtliches Zitat hieraus ist in Abschn. 9.4 zu lesen. Goethe skizziert auch den Standardtypus des Insekts: Es bestehe aus Kopf, Brust und Hinterleib, Typuselemente, an die Hilfsorgane wie Zangen, Beine und Flügel angeheftet seien (Becker 1999).

Bemerkenswert ist die Mahnung Goethes, nicht bloß ideell in Zeichnungen Gebilde voneinander abzuleiten: „Eingenommen von der aufgefaßten Idee, wagte Camper [ein bekannter Anatom], auf der schwarzen Lehrtafel, durch Kreidestriche den Hund in ein Pferd, das Pferd in einen Menschen … zu verwandeln" (Vortrag I). Ein Beispiel solcher Umwandlungen in der Fantasie des Zeichners zeigt Abb. 8.1.

7.4 Goethe kontra Oken: Die Wirbeltheorie des Schädels und die Schattenseiten eines Genies

Eine weitere anatomische Aussage Goethes hatte ihn wie kaum eine andere zum geistigen Wegbereiter der Evolutionstheorie werden lassen, ihn aber auch – vergleichbar manch anderer Größe der Wissenschaftsgeschichte wie etwa Isaac Newton – als unduldsamen und unfairen Widersacher seines Konkurrenten offenbart: die Wirbeltheorie des Schädels.

Lorenz Oken, damals außerordentlicher Professor für Medizin und Naturwissenschaften in Jena, hielt 1807 seine Antrittsvorlesung *Über die Bedeutung der Schädelknochen.* Darin vertrat er seine bereits als Dozent in Göttingen entwickelte Hypothese, die Schädelknochen seien entwicklungsgeschichtlich Abkömmlinge von Wirbeln (Abb. 7.2). Goethe hatte diese Idee bereits 1790, so jedenfalls lautet seine eigene Aussage in *Zur Morphologie* (2. Band, 1. Heft, 1823, enthalten in Becker 1999). Doch statt sich über den Einklang der Ideen zu freuen, ging Goethe auf feindselige Distanz, bezichtigte Oken 1816 – also erst neun Jahre später – in Heidelberg des Plagiats, und dies ohne konkrete Indizien (wie hätte Oken von einer nicht veröffentlichten Hypothese wissen sollen?).

Daraufhin konterte Oken: „Diese Lehre wurde anfangs verhöhnt: als sie endlich durchgedrungen war, kamen mehrere Unverschämte, welche die Entdeckung schon lang gemacht haben wollen“ (Oken, *Lehrbuch der Naturphilosophie*, Online-Ausgabe)

Lorenz Oken

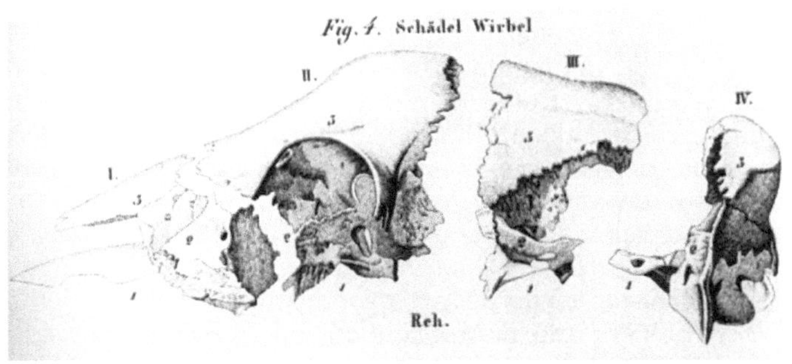

Abb. 7.2 Lorenz Oken: „Wirbeltheorie" des Schädels. Aus Lorenz Oken. *Allgemeine Naturgeschichte* Bd II, 1843, © erloschen

Lorenz Oken (1779–1851)

Lorenz Oken erwies sich in vielen Dingen als Gegenpart zu Goethe. Im Folgenden sollen einige Eckdaten zu seiner Lebensgeschichte ein Bild über ihn liefern. Geboren wurde Oken als Sohn eines Kleinbauern in der Nähe von Offenburg in Baden-Württemberg. Aufgrund eines Stipendiums für Mittellose konnte er in Freiburg studieren und promovierte dort anschließend. Danach bildete er sich in Würzburg weiter; hier entstand 1806 die Schrift *Die Zeugung* (1805). In ihr legte er dar, dass alles Organische aus Urbläschen bestünde, damals auch „Infusorien" genannt, Tiere und Pflanzen seien nur deren Umwandlungen (1843 nannte Oken in seinem *Lehrbuch der Naturphilosophie* seine Urbläschen zur Teilung fähige Zellen, in Anlehnung an den zwischenzeitlichen Fortschritt in der Biologie). Seine nächste Station war Göttingen, wo er sich habilitierte und – unterbrochen durch meeresbiologische Studien auf Wangerooge – an dem Werk *Abriß des Systems der Biologie* arbeitete.

Als Oken für Pressefreiheit eintrat, empfahl Goethe, den der Großherzog um Stellungnahme gebeten hatte, Oken nicht persönlich zu belangen, wohl aber ein Druckverbot der von Oken herausgegebenen Zeitschrift *Isis* durchzusetzen. Politisch war Oken in der heutigen Terminologie linksliberal und hatte am Wartburgfest teilgenommen. 1819 wurde Oken, wie von der „Heiligen Allianz" nach dem Sturz Napoleons gefordert, von der Universität Jena entlassen, ohne dass Goethe für ihn eingetreten wäre.

Nach seiner Entlassung aus Jena wirkte Oken als Dozent in Basel, als Professor in München und schließlich in Zürich, wo er auch erster Rektor der neu gegründeten Universität wurde. Oken befürwortete die Habilitation und Anstellung von Georg Büchner, der kurze Zeit als Zoologe in Straßburg lehren, aber als jung verstorbener, genialer Dramatiker berühmt werden sollte.

Oken verfasste ein 13-bändiges Monumentalwerk mit einem Bildatlas aus meisterlichen Kupferstichen als Nachschlagewerk (s. Abb. 9.2). Dieses motivierte Alfred Brehm zu seinem über Jahrzehnte bekannten *Thierleben*. Weiter verfasste Oken ein *Lehrbuch der Naturphilosophie*, das nicht nur eine philosophische Abhandlung ist, sondern das Wissen seiner Zeit zu Physik, Chemie, Mineralogie, Geologie und Biologie widerspiegelt. Aus heutiger Sicht enthält das Werk manch prophetische Aussage, aber auch gravierende Mängel: Die Herkunft des Wissens wird nicht angegeben, und das Werk ist durchsetzt von abenteuerlichen Spekulationen und haarsträubenden Irrtümern. Einige in Hinblick auf die Entstehung des Lebens bemerkenswerte Äußerungen aus diesem Werk werden nachfolgend zitiert. Als Wegbereiter der Evolutionstheorie kann Oken kaum genannt werden, zu widersprüchlich sind seine Äußerungen.

Hier einige Beispiele zum Staunen und Schmunzeln (die angegebenen Zahlen beziehen sich auf Paragraphen des Originals):

885 „Der Galvanismus ist das Prinzip des Lebens: Es gibt keine andere Lebenskraft, als die galvanische Polarität."(Zur Erklärung: Luigi Galvani hatte 1780 mit seinen Versuchen an Froschschenkel-Muskeln, die sich durch elektrische Reizung zur Kontraktion bringen ließen, die „tierische Elektrizität" entdeckt.)

886 „Eine galvanische Säule in Atome zerrieben, mußte lebendig werden. Auf diese Weise bringt die Natur organische Leiber hervor."

887 „Der Elektrismus hat eine Basis; sie ist die Luft. ... So hat der Galvanismus eine Basis; sie ist die organische Masse."

891 „Die Zahl der Organismen ist unendlich, sowohl im Zugleich- als auch im Nacheinander-Seyn."

894 „Aus der Genesis des Organischen hat es sich hervorgethan, daß dessen Wesen in der Allheit der Planetenprocesse besteht."

895 „Die drey ersten Planetenprocesse sind auch die ersten drey Lebensprocesse: der Erdprocess, der Wasserprocess und der Luftprocess, oder der gestaltende,

der chemisierende und der electrisierende oder oxydierende."

898 „Die Grundmaterie der Organischen Welt ist mithin der Kohlenstoff."

899 „Ein mit Wasser und Luft identisch gemischter Kohlenstoff ist Schleim."

900 „Schleim ist oxydierter, gewässerter Kohlenstoff."

901 „Alles Organische ist aus Schleim hervorgegangen, ist nichts als verschieden gestalteter Schleim."

902 „Der Urschleim, aus dem alles Organische erschaffen worden, ist der Meerschleim."

905 „Der Meerschleim ist ursprünglich erzeugt durch die Influenz des Lichtes."

906 „Das Licht bescheint das Wasser, und es ist gesalzen. Das Licht bescheint das gesalzene Meer, und es lebt."

910 „Wo es dem sich erhebenden Meeresorganismus gelingt, Gestalt zu gewinnen, da geht ein höherer Organismus aus ihm hervor. Die Liebe ist aus dem Meerschaum entsprungen."

911 „Der Urschleim wurde und wird an denjenigen Stellen erzeugt, wo das Wasser mit der Erde in Berührung ist, also am Strand."

914 „Auch der Mensch ist ein Kind der warmen und seichten Meeresstellen in der Nähe des Landes."

7.5 Die Wirbeltheorie des Schädels aus heutiger und damaliger Sicht

Hatten Oken und Goethe Recht? Die gegenwärtige morphologische und molekulargenetische Entwicklungsbiologie gibt eine Antwort darauf. Hinsichtlich des Hinterhauptes, des *Os occipitale,* ist dies korrekt! Es entsteht in der Embryonalentwicklung aus vier Wirbelanlagen und dem vorderen Teil einer fünften Anlage, der als Proatlas in

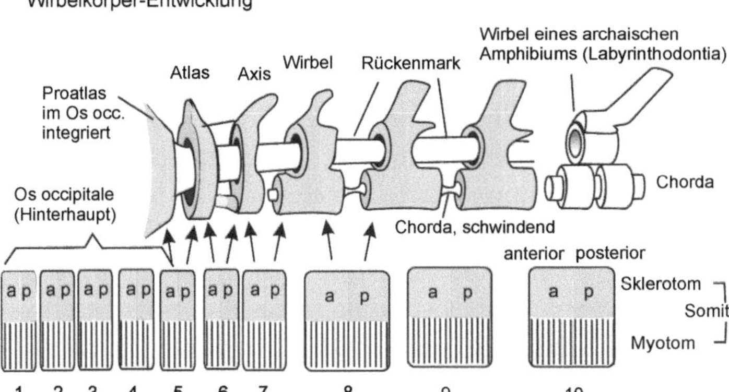

Abb. 7.3 Wirbeltheorie heute. Hinterhauptschädel und Wirbel leiten sich aus den Somiten (Serie embryonaler Zellenpakete, früher auch „Urwirbel" genannt) ab. Somiten liefern mit ihrem Myotom-Anteil die Muskulatur, mit ihrem Sklerotom-Anteil die zunächst knorpeligen, später verknöchernde Wirbelkörper. Ein jeder Wirbel entsteht aus dem hinteren (posterioren) Teil eines Somiten und dem vorderen (anterioren) Teil des folgenden Somiten. Das Hinterhaupt entsteht aus fünf Wirbelanlagen. Aus Müller & Hassel (2005), farblich verändert

das Hinterhaupt integriert wird und dieses gegen den Atlas, den ersten Halswirbel, abstützt (Abb. 7.3). Gesteuert wird deren Entwicklung durch Schlüsselgene der *Hox*-Gruppe (s. Abb. 9.4). Mutationen bestimmter *Hox*-Gene oder ihre ektopische (örtlich verschobene) Expression können den Atlas in eine Hinterhauptstruktur und untere Halswirbel in vordere Halswirbel umwandeln (Condie und Capecchi 1994, Mallo et al. 2010). Für die mittlere Region des Schädels gibt es allerdings gegenwärtig allenfalls Indizien, für den vorderen Teil des Schädels keine Hinweise auf eine ursprüngliche Wirbelstruktur – im Gegenteil: Der vordere Schädel besteht aus Hautknochenplatten, die nicht wie die Wirbel und hinteren Schädelknochen knorpelig vorgeformt werden.

Wenn schon die Embryonalentwicklung heute noch die Herkunft des Hinterhauptes aus Wirbelanlagen erkennen lässt, so ist für heutige Biologen klar, dass diese Gebilde im Laufe der Evolution tatsächlich einmal Wirbel oder zumindest wirbelähnliche Gebilde waren, was die Paläontologie durch Fossilienfunde bestätigt. Auch bei heutigen Lebewesen lässt sich die Evolutionsgeschichte noch nachvollziehen. Rundmäuler, die keine Wirbel besitzen (*Myxine*) oder deren knorpelige Wirbel nicht verknöchern (*Petromyzo*n), haben auch keine Okzipitalregion. Bei Knochenfischen verschmelzen unterschiedlich viele Wirbelanlagen zu unterschiedlich ausgedehnten, sich in Knochen verwandelnde Okzipitalregionen.

Davon unabhängig fragt der unvoreingenommene Biologe heutiger Zeit, was die Aussage, der Schädel sei ursprünglich aus Wirbelkörpern zusammengesetzt, bedeuten soll, wenn sie dies in der Vergangenheit nie gewesen sein sollten! Doch eben eine solche Deutung der Aussage Okens und Goethes wurde und wird von idealistisch geprägten deutschen Historikern der Wissenschaftsgeschichte abgelehnt, ohne zu erläutern, was diese Aussage denn sonst bedeuten könnte.

7.6 Goethe wird zu einem der Wegbereiter der Evolutionstheorie

Trotz des Einspruchs von Historikern und Philosophen wurde Goethe zwar nicht zum expliziten Begründer, aber doch zum Wegbereiter der Evolutionstheorie. So schrieb er:

„Dies also hätten wir gewonnen, ungescheut behaupten zu dürfen: dass alle vollkommneren organischen Naturen, worunter wir Fische, Amphibien, Vögel, Säugetiere und an der Spitze der letzten den Menschen sehen, alle nach einem Urbilde geformt seien, das nur in seinen sehr beständigen Teilen mehr oder weniger hin- und herweicht, und sich noch täglich durch Fortpflanzung aus- und umbildet“ (Goethe, Vorträge über die drei ersten Kapitel des Entwurfs einer allgemeinen Einleitung in die vergleichende Anatomie, ausgehend von der Osteologie 1796: darin Vortrag II *Über einen aufzustellenden Typus zur Erleichterung der vergleichenden Anatomie*; 1795).

„So viel aber können wir sagen, daß die aus einer kaum zu sondernden [gemeint ist: kaum unterscheidbaren] Verwandtschaft als Pflanzen und Tiere nach und nach hervortretenden Geschöpfe nach zwei entgegengesetzten Seiten sich vervollkommnen, so daß die Pflanze sich zuletzt im Baum dauernd und starr, das Tier im Menschen zur höchsten Beweglichkeit und Freiheit sich verherrlicht“ (Goethe, Anfang zu dem geplanten Gesamtwerk über Morphologie: *Die Absicht eingeleitet,* 1817, enthalten in Becker 1999)

Es muss jedoch auch klar und unmissverständlich gesagt werden: Goethe war nicht der Begründer der Evolutionstheorie und auch nicht der erste Vordenker.

8 Das Auftauchen des Evolutionsgedankens bei deutschen Geistesgrößen: Leibniz, Herder, Kant

Es ist ein weitverbreiteter Irrglaube, die Evolutionstheorie sei von Darwin begründet worden. Spekulative Gedanken in Richtung Evolution sind von verschiedenen europäischen Geistesgrößen geäußert worden, sogar schon in der Antike und im Mittelalter. Hier sollen Persönlichkeiten erwähnt werden, die maßgeblich zum Umbruch im Weltbild der Biologie und zur Evolutionstheorie in der Neuzeit beigetragen haben. Zuerst blicken wir auf deutsche, dann auf die entscheidenden französischen Gelehrten.

8.1 Ahnungen des Gottfried Wilhelm Leibniz

Das Universalgenie Gottfried Wilhelm Leibniz (1646–1716) wurde dank seines allerdings erst 1749 nach seinem Tode veröffentlichten Werkes *Protogaea* zum Mitbegründer der Paläontologie. Er betrachtete Fossilien nicht, wie es zuvor üblich war, als Spielereien der Natur, sondern als Versteinerungen früherer Organismen, die durch große Umwälzungen in der Erdgeschichte verschwunden waren oder sich infolge solcher Umwälzungen verändert hatten: „So sind auch die Menschen mit den Tieren verbunden, diese mit den Pflanzen und diese wiederum mit den Fossilen, welche ihrerseits sich an die Körper anschließen, die unsere Sinne und unsere Vorstellung uns als tot und unbelebt darbieten." (*Protogaea*, 1749)

Leibniz hatte auch erste Vorstellungen zu einem evolutiven Artenwandel und vermutete beispielsweise, dass die verschiedenen Raubkatzenarten von einer gemeinsamen ursprünglichen Katzenart abstammen könnten.

8.2 Das Beispiel Johann Gottfried Herder: Überraschend modern, Darwin in vielen Äußerungen nahe, doch es bleibt eine von ihm selbst nie überwundene Kluft

Die deutsche Geschichtsschreibung war (nach meiner Meinung) bei der Präsentation von Wegbereitern der Evolutionstheorie allzu sehr auf Goethe allein fokussiert und hat das Weltbild seiner Zeitgenossen weitgehend ignoriert. Und so ist man (wie ich) überrascht, wenn man sich die Mühe macht, die Schriften anderer Zeitgenossen zu lesen, beispielsweise die „Philosophie" eines Johann Gottfried Herder. Sie soll hier näher vorgestellt werden als Beispiel für die europäische biologische Weltsicht der damaligen Zeit; denn Herder war belesen und kannte so manche Schrift seiner französischen Vorgänger (Kap. 10). Man erfährt bei

Abb. 8.1 Johann Gottfried Herder, Gemälde von Anton Graff, 1785. Sein Hauptwerk, herausgegeben 1794. Unten: Die Herderkirche in Weimar, © erloschen

ihm mehr über das Wissen und die Hypothesen seines Zeitalters als in den Werken Goethes.

Herder (Abb. 8.1), fünf Jahre älterer Zeitgenosse Goethes, und Goethe hatten sich in ihrer Studentenzeit in

Straßburg kennengelernt. Wie Oken aus einfachen Verhältnissen stammend, war Herder nunmehr evangelischer Theologe und wurde, gefördert von Goethe, Hofprediger in Weimar. Bisweilen waren Goethe und Herder Gesprächspartner. Herders Hauptwerk, entstanden zwischen 1784 und 1791, trägt den Titel: *Ideen zur Philosophie der Geschichte der Menschheit.* Wer wollte schon altertümliche Philosophie lesen? Im damaligen Sprachgebrauch jedoch war Philosophie gleichbedeutend mit Naturkunde, durchsetzt mit spekulativen Ideen und erbaulichen Meditationen. Im Folgenden sind einige Zitate aus diesem Werk (Online-Ausgabe) aufgeführt, von mir mit Überschriften (in Fettdruck) gemäß ihrer Reihenfolge im Original gegliedert, zur Erleichterung des Vergleichs mit Darwins Aussagen und der Aussagen der heutigen Biologie.

- **Aufsteigende Stufen lebender Formen in historischer Folge**: „Mancherlei Verbindungen des Wassers, der Luft, des Lichts, mußten vorangegangen sein, ehe der Saame der ersten Pflanzenorganisation, etwa das Moos, hervorgehen konnte. Viele Pflanzen mußten hervorgegangen und gestorben sein, ehe eine Thierorganisation ward; auch bei dieser gingen Insekten, Vögel, Wasser- und Nachtthiere den gebildten Thieren der Erde und des Tages vor; bis endlich nach allen die Krone der Organisation, der Mensch auftrat, Microcosmus“ (Herder, Erstes Buch, III *Unsere Erde ist vielerlei Revolutionen durchgegangen, bis sie das, was sie jetzt ist, worden*).

Eine Erläuterung für Nichtbiologen: Es bestehen in der heutigen Evolutionsbiologie verschiedene Auffassungen über den Ursprung der Tiere. Nach einer schon seit langem diskutierten und durch neue molekulargenetische Daten gestützten Auffassung leiten sich tierische Organismen, namentlich die sehr urtümlichen Schwämme, von einer Gruppe einzelliger Algen ab, die den heute noch existierenden Choanoflagellaten glichen. Zellen mit der Struktur von Choanoflagellaten gibt es in Schwämmen, dort betreiben sie jedoch keine Photosynthese, sondern verspeisen Bakterien. Ob die hypothetischen Ur-Choanoflagellaten autotroph waren, also ihre Energie aus der Photosynthese bestritten, oder heterotroph, also sich von Mikroorganismen ernährten wie die Schwämme, ist nicht bekannt.

- **Zweck der Fortpflanzung und überzählige Keime**: „Es fällt in die Augen, daß das menschliche Leben, sofern es Vegetation ist, auch das Schicksal der Pflanzen habe,... wir gehen auf, wachsen, blühen, blühen ab und sterben. Ohne unseren Willen werden wir hervorgerufen, und niemand wird gefragt: welchen Geschlechts er sein ... wolle. ... Insonderheit dünkt mich, demüthigt es den Menschen, daß er den süßen Trieben, die er Liebe nennt ... beinahe ebenso blind, wie die Pflanze, den Gesetzen der Natur dient. ... dieser Zweck ist Fortpflanzung, Erhaltung der Geschlechter. Die Natur braucht Keime, unendlich viele Keime, ... Sie mußte also auch auf Verluste rechnen... Süßgetäuschte Geschöpfe, genießet eure Zeit, wisset aber, dass ihr damit nicht eure kleinen Träume, sondern angenehm gezwungen, die größeste Aussicht der Natur befördert. ...Sobald sie das Geschlecht gesichert hat, läßt sie allmälig das Individuum sinken."

Erläuterung für Nichtbiologen: Fortpflanzung gibt das Leben von Generation zu Generation weiter; nach dem Akt der Fortpflanzung beginnt in der Regel individuelles Leben zu erlöschen. Die Natur muss indes viele überschüssige Nachkommen erzeugen, um bei all den widrigen Einwirkungen der Umwelt und den vielen Fressfeinden die Erhaltung der Art zu sichern. Dies ist eine Kernaussage Darwins und der heutigen Evolutionsbiologie.

Weiter mit Herder: „Mannigfachigkeit des Erdreichs und der Luft macht Spielarten an Pflanzen, wie an Thieren und Menschen … Bereitet dies alles uns nicht vor, auch in Ansehung des Gebäudes der Menschheit, sofern wir Pflanzen sind, dieselben Varietäten zu erwarten? Der Mensch, der zwischen ihnen [gemeint sind: Pflanzenfresser, Fleischfresser] steht, muß, wenigstens dem Bau der Zähne nach, kein Fleischfresser sein“ (Herder, Zweites Buch, II *Das Pflanzenreich unserer Erde in Beziehung auf die Menschengeschichte*).

- **Kampf ums Dasein und biologisches Gleichgewicht**: „Der Menschen ältere Brüder sind die Thiere. … Alles ist im Streit gegeneinander, weil alles selbst bedrängt ist; es muß sich seiner Haut wehren und für sein Leben sorgen. … Warum that die Natur dies? Warum drängte sie so die Geschöpfe aneinander? Weil sie im kleinsten Raume die größte und vielfachste Art der Lebenden schaffen wollte, wo also auch Eins das Andere überwältiget, und nur durch das Gleichgewicht der Kräfte wird Friede in der Schöpfung. Jede Gattung sorgt für sich, als ob sie die

Einige wäre; ihr zur Seite steht aber eine andere, die sie einschränkt. ...Wie es jetzt ist, sehen wir das offenbare Gleichgewicht" (Herder, Zweites Buch, III *Das Reich der Thiere in Beziehung auf die Menschengeschichte*).

- **Umwelt und Variabilität der Lebewesen:** „Auch die Gattungen, die überall auf der Erde leben, gestalten sich beinahe in jedem Clima verschieden. ... So gehen die Verschiedenheiten bei allen Thieren fort, und sollte sich der Mensch, der in seinem Muskeln- und Nervengebäude auch ein Thier ist, nicht mit den Climaten verändern? Nach der Analogie der Natur wäre es ein Wunder, wenn er unverändert bliebe."

Erläuterung für Nichtbiologen: Wie nachstehend im Kap. 14 erläutert, wird heute kein direkter, steuernden Einfluss der Umwelt auf die Erbinformation angenommen, wohl jedoch gibt es ihren indirekten Einfluss insoweit, als die Natur „zufällige", heißt unplanmäßig entstandene, Änderungen der Erbinformation und damit Änderungen in den Nachkommen durch natürliche Selektion begünstigt oder auslöscht.

- **Einheitlicher Bauplan bei aller Verschiedenheit:** „Nun ist unleugbar, dass bei aller Verschiedenheit der lebendigen Erdwesen überall eine gewisse Einförmigkeit des Baues und gleichsam eine Hauptform zu herrschen scheine, die in reichster Verschiedenheit wechselt; ... selbst die vornehmsten Glieder derselben sind nach einem Prototypen gebildet und gleichsam unendlich variiert. Der innere Bau der Thiere macht die Sache noch augenscheinlicher… Amphibien gehen von diesem Hauptbilde schon mehr ab …Wir können also das zweite Hauptgesetz annehmen, daß je näher dem Menschen auch alle Geschöpfe in der Hauptform mehr oder minder Ähnlichkeit mit ihm haben, und daß die Natur bei der unendlichen Varietät, die sie liebet, alle Lebendigen dieser Erde nach Einem Hauptplasma der Organisation gebildet zu haben scheine.

Ein Principium des Lebens scheint in der Natur zu herrschen: dies ist der ätherische oder elektrische Strom, der … in den Adern und Muskeln des Thieres, endlich gar in dem Nervengebäude immer feiner und feiner verarbeitet wird, und zuletzt all die wunderbaren Triebe und Seelenkräfte entfacht, über deren Wirkung wir bei Thieren und Menschen staunen… Jedes Geschöpf hat eine eigne, eine neue Welt.“ (Herder, Teil IV *Der Mensch ist ein Mittelgeschöpf unter den Thieren der Erde*).

- **Sonderstellung des Menschen**: „Augenscheinlich hat er Eigenschaften, die kein Thier hat, und hat Wirkungen hervorgebracht, die im Guten wie im Bösen ihm eigen bleiben. Kein Thier frißt seinesgleichen aus Leckerei; kein Thier mordet sein Geschlecht auf den Befehl eines Dritten mit kaltem Blut, kein Thier hat Sprache wie der Mensch sie hat.

  Die Gestalt des Menschen ist aufrecht; er ist hierin einzig auf der Erde; … Wäre der Mensch ein vierfüßiges Thier, wäre er’s Jahrtausende lang gewesen; er wäre es sicher noch, und nur ein Wunder der Schöpfung hätte ihn zu dem, was er jetzt ist, und wie wir ihn aller Geschichte und Erfahrung nach allein kennen, umgebildet. Mütterlich bot sie [die Natur] ihrem letzten Geschöpf die Hand und sprach: „steh auf von der Erde! Dir selbst überlassen, wärest du Thier, wie andere Thiere; aber durch meine besondre Huld und Liebe gehe aufrecht und werde der Gott der Thiere“ (Herder, Philosophie, Teil VI *Organische Unterschiede von Thieren und Menschen*).

- **Menschenaffen sind dem Menschen sehr nahe, doch gibt es unüberwindliche Unterschiede in der Leistungsfähigkeit des Gehirns**: „Der Orang-Utang ist im Inneren wie im Äußeren dem Menschen ähnlich. … Also muß auch im Inneren, in den Wirkungen seiner Seele etwas Menschenähnliches sein. Der Affe … seine Denkungsart steht am Rande der Vernunft.“
Ausgiebig schildert und diskutiert Herder Ähnlichkeiten und Unterschiede in der Anatomie, einschließlich der Gehirnmasse. Herder weist darauf hin, dass das Gewicht als solches kein ausreichendes Unterscheidungsmerkmal sei, „denn das Gewicht beider [Gehirne] zeigt doch nie, weder die Feinheit der Nerven, noch die Absicht ihrer Wege,… Nun zeigen alle Erfahrungen, die der gelehrteste Physiolog aller Nationen, Haller, gesammelt, wie wenig das untheilbare Werk der Ideenbildung in einzelnen materiellen Theilen des Gehirns materiell und zerstreut aufsuchen lassen… Wieviel weniger wird uns die geistige Verbindung aller Sinne und Empfindungen empfindbar werden, daß wir dieselbe … in den verschiedenen

Theilen des Gehirns so willkürlich erwecken können, als ob wir ein Clavicord spielten. Der Gedanke, dieses auch nur zu erwarten, ist mir fremd".

Erläuterung für Nicht-mediziner und Nicht-biologen: Hier hat die gegenwärtige Neurologie ein sehr differenziertes Bild. Während manche Gehirnfunktionen, wie von Herder vermutet, weite Areale des Gehirns beanspruchen und flexibel sind, gibt es manchmal auch präzise Lokalisierung, beispielsweise bei der Erkennung und Wiedererkennung von Gesichtern.

Herder erkennt die Höherentwicklung beim Vergleich der verschiedenen Wirbeltiere und sieht einen Zusammenhang zwischen dem aufrechten Gang und der Gehirnentwicklung. „Blick also auf gen Himmel, oh Mensch! und erfreue Dich schaudernd deines unermeßlichen Vorzugs, den der Schöpfer der Welt an ein so einfaches Principium, deine aufrechte Gestalt, knüpfte" (Herder, Viertes Buch, I *Der Mensch ist zur Vernunftfähigkeit organisiert*). „Der Mensch ist der erste Freigelassene der Schöpfung, er steht aufrecht. Die Waage des Guten und des Bösen, des Falschen und Wahren hängt an ihm; er kann forschen, er soll wählen" (Herder, Philosophie, Teil IV.4 *Der Mensch ist zu feinern Trieben, mithin zur Freiheit organisiert*).

- **Doch Evolution? – Erwerb des aufrechten Ganges**: „Aber das Thier mußte in diesen früheren Perioden seiner Niedergeschlagenheit [gemeint ist: horizontale Stellung] … sich mit Sinnen und Trieben üben lernen, ehe es zu unsrer, der freiesten und vollkommensten Stellung gelangen konnte. Allmählich nahet es sich derselben …

Ein Wink der fortbildenden Natur in ihrem unsichtbaren organischen Reich und der thierisch-hinabgezwungene Leib richtet sich auf.
Durch die Bildung zum aufrechten Gang bekam der Mensch freie und künstliche [kunstfertige] Hände; Werkzeuge der feinsten Handthierungen…"

Man beachte: Es war das „Thier", das sich aufrichtete und der Mensch „bekam" freie Hände und nicht „hatte schon immer seit Adam und Eva".

„Bei Thieren sehen wir Voranstalten zur Rede, und die Natur arbeitet auch hier von unten herauf, um diese Kunst endlich im Menschen zu vollenden… Unendlich schön ist's, den Stufengang zu bemerken, auf dem die Natur vom stummen Fisch … das Geschöpf allmälig zum Schall und zur Stimme hinauf fördert" (Herder, Philosophie, Teil II *Zurücksicht von der Organisation des menschlichen Hauptes auf die niederen Geschöpfe, die sich seiner Bildung nähern*).
Und doch, der evangelische Theologe, Erzieher an Fürstenhäusern, Hofprediger, im Gegensatz zu Darwin finanziell abhängig, auf eine Anstellung in einer kirchlichen Institution angewiesen und Familienvater mit sieben Kindern, wagt den entscheidenden Schritt nicht, nämlich dem Wortlaut der Bibel zu widersprechen und klar und unmissverständlich zu sagen, dass im Zuge von Generationsfolgen neue Tierarten aus bestehenden Tierarten hervorgegangen seien, der Mensch aus affenartigen Vorfahren entstanden sei.

Andererseits lesen wir bei Goethe: „Unser tägliches Gespräch [mit Herder] beschäftigte sich mit den Uranfängen der Wassererde, und den darauf von Alters her sich entwickelnden Geschöpfen" (Goethe, *Bildung und Umbildung organischer Naturen*, 1817, Sämtliche Werke, Frankfurter Ausgabe). Und Charlotte von Stein schreibt an Karl Ludwig von Knebel schon 1783: „Herders neue Schrift (*Ideen zur Philosophie der Geschichte der Menschheit*) macht wahrscheinlich, daß wir erst Pflanzen und dann Tiere waren… Goethe grübelt jetzt gar denkreich in diesen Dingen… ".

8.3 Immanuel Kant: Er wagt den Schritt, ist erster deutscher Gelehrter, der Evolution als mögliche Hypothese schriftlich formuliert und Goethe zur Zustimmung motiviert

Kant (Abb. 8.2) äußerte sich zu biologischen Anschauungen seiner Zeit. Er war Vitalist: „Alle Erscheinungen der organischen Welt lassen sich zurückführen auf das Grundvermögen Lebenskraft." In seinem Werk *Kritik der Urteilskraft* (1790) schreibt Kant:

„Es ist rühmlich, vermittelst einer komparativen Anatomie die große Schöpfung organisierter Naturen durchzugehen, um zu sehen: ob sich daran nicht etwas einem System Ähnliches, und zwar dem Erzeugungsprinzip nach, vorfinde. … Die Übereinkunft so vieler Tiergattungen in einem gewissen gemeinsamen Schema, das nicht allein in ihrem Knochenbau, sondern auch in der Anordnung der übrigen

Abb. 8.2 Immanuel Kant, der sich in seiner *Critik der Urtheilskraft* klar für die Möglichkeit einer Abwandlung der Arten über lange Generationsfolgen ausspricht. Porträts unbekannter Künstler, © erloschen

Teile zugrunde zu liegen scheint… Diese Analogie [heute: Homologie] der Formen, sofern sie bei aller Verschiedenheit einem gemeinschaftlichen Urbilde gemäss erzeugt zu sein scheinen, verstärkt die Vermutung einer wirklichen Verwandtschaft von einer gemeinsamen Urmutter, durch die stufenartige Annäherung einer Tiergattung zur anderen, … von … dem Menschen, bis zum Polyp, von diesem gar bis zu den Moosen und Flechten und endlich zu der niedrigsten … Stufe der Natur, zur rohen Materie… Eine Hypothese solcher Art kann man ein gewagtes Abenteuer der Vernunft nennen, und es mögen wenige, selbst von den scharfsinnigsten Naturforschern sein, denen es nicht bisweilen durch den Kopf gegangen wäre."

Freilich muss gesagt werden, dass diese Textteile sehr nach Buffon und Diderot (Abschn. 10.1) klingen, deren Werke dem belesenen Königsberger Professor in Teilen bekannt gewesen sein dürften.

8.4 Goethe stimmt zu und wird zum Anhänger des Evolutionsgedankens

Goethe schrieb im Aufsatz *Anschauende Urteilskraft* (1820, enthalten in Becker 1999) zu Kant: „… hatte ich doch erst unbewusst und aus innerem Trieb auf jenes Urbildliche, Typische rastlos gedrungen, war es mir sogar geglückt, eine naturgemäße Darstellung aufzubauen, so konnte mich nun nichts weiter hindern, das Abenteuer der Vernunft, wie es der Alte vom Königsberge selbst nennt, mutig zu bestehen."

In diesem Sinne stimmte Goethe auch der Auffassung des mit ihm befreundeten Bonner Professors Joseph Wilhelm Eduard d'Alton zu, der in der Einleitung zu seiner Schrift *Die Faulthiere und die Dickhäutigen abgebildet, beschrieben und verglichen* (Pander & d'Alton, Bonn 1821) meinte, die Bedingungen der Tierschöpfung seien nur einmal vorhanden gewesen, und alle weiteren Tiere seien in einer kontinuierlichen Abstammung von diesem Urtier abzuleiten und hätten dabei Abwandlungen erfahren. Goethe meinte hierzu: „Was die Einleitungen betrifft, sind wir mit dem Verfasser vollkommen einstimmig" (aus Goethe, *Die Skelette der Nagetiere, abgebildet und verglichen von D'Alton*. In: *Goethes Naturwissenschaftliche Schriften I* München 1998).

Zu Eckermann (Gespräche mit Goethe, online) spottete er über den teleologischen Nützlichkeitsgedanken, als es um die vorwärts gerichteten Hörner des Ochsen ging: Man müsse dann fragen, warum das Schaf keine habe. „Denn wenn ich frage, wie hat der Ochse Hörner, so führt mich das zur Betrachtung seiner Organisation und belehrt mich zugleich, warum der Löwe keine hat und haben kann." Diese Äußerungen sagen sinngemäß: Der Ochse hat Hörner, weil er sie von seinen Vorfahren geerbt hat und sie zu dessen Bauplan gehören, und nicht, damit er zustoßen kann. Die Vorfahren des Löwen hatten eben keine; im Bauplan der Katzen sind sie nicht vorgesehen.

Eine stammesgeschichtliche Interpretation des Archetypus des Säugetierschädels und seine Abwandlungen sind in Abb. 8.3 skizziert. Eine nach Goethe unzulässige, weil nur in der Fantasie erzeugte, nicht aber durch eine korrespondierende Serie von natürlichen Objekten abgeleitete Umwandlung eines Frosches in Apollo zeigt Abb. 8.4.

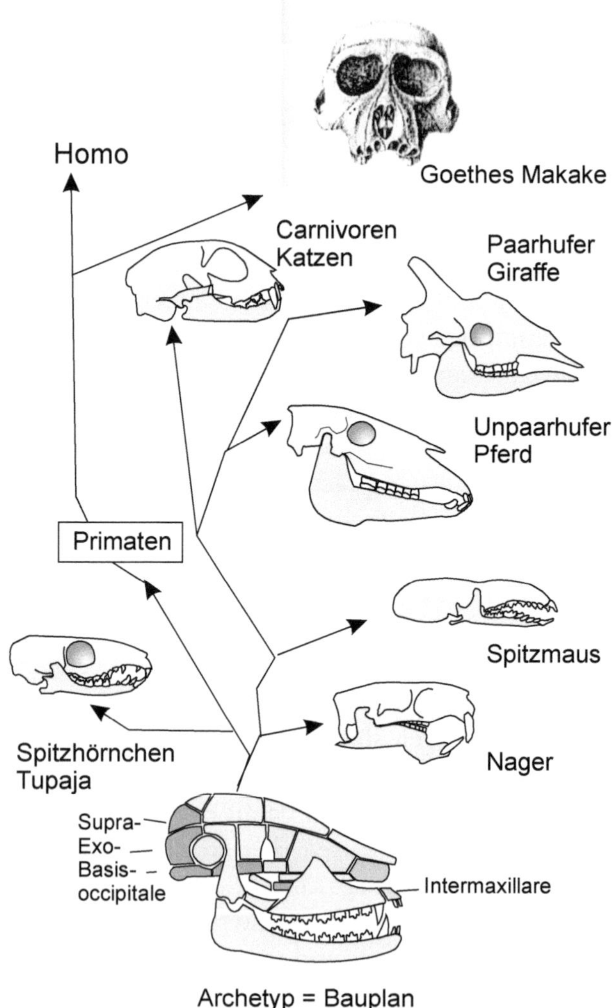

Abb. 8.3 Der Archetypus interpretiert als phylogenetische Stammform am Beispiel von Schädeln höherer (plazentaler) Säugetiere. Zusammengetragen aus verschiedenen Quellen, zeichnerisch vereinheitlicht und vereinfacht

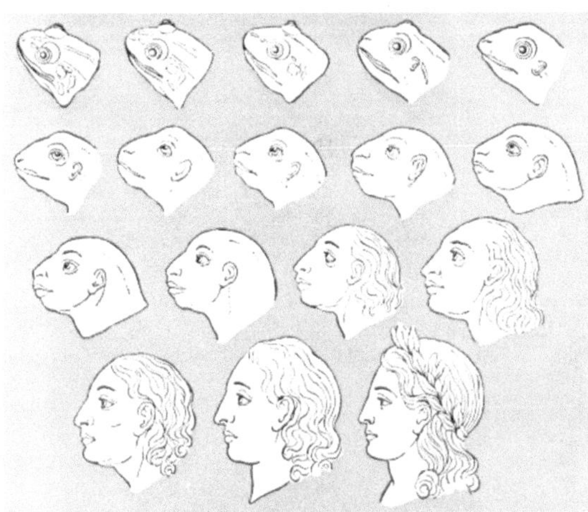

Abb. 8.4 Wie man es laut Goethe nicht machen sollte. Rein ideelle, sukzessive Verwandlung eines Frosches in Apollo, gezeichnet von Franz Gräffer (1785–1858) und eingearbeitet in eine Neubearbeitung der Physiognomik von Lavater (Wien 1829, Bd IV). © erloschen. Hier reproduziert von Zimmermann 1953, Buchumschlag

8.5 Goethe und der Ur-Stier

Am 1. Juni 1821 schickte Großherzog Karl August ein „Ochsenskelett" (Abb. 8.5) aus dem Torfmoor bei Haßleben (unteres Holozän, ca. 8000 Jahre) an Goethe. Dieser hielt den neuen Knochenfund für sehr bedeutend; denn er erkannte sogleich, dass es sich um den ausgestorbenen Auerochsen (Ur, *Os primigenius*) handelte, und veranlasste seine Aufstellung in der Zoologischen Sammlung in Jena, wo er heute noch zu sehen ist. Goethe beschrieb ihn erstmals 1822 in seinem Aufsatz *Fossiler Stier*. Er erkannte 40 Jahre vor Darwin, dass es ein Vorfahre der heutigen Rinder

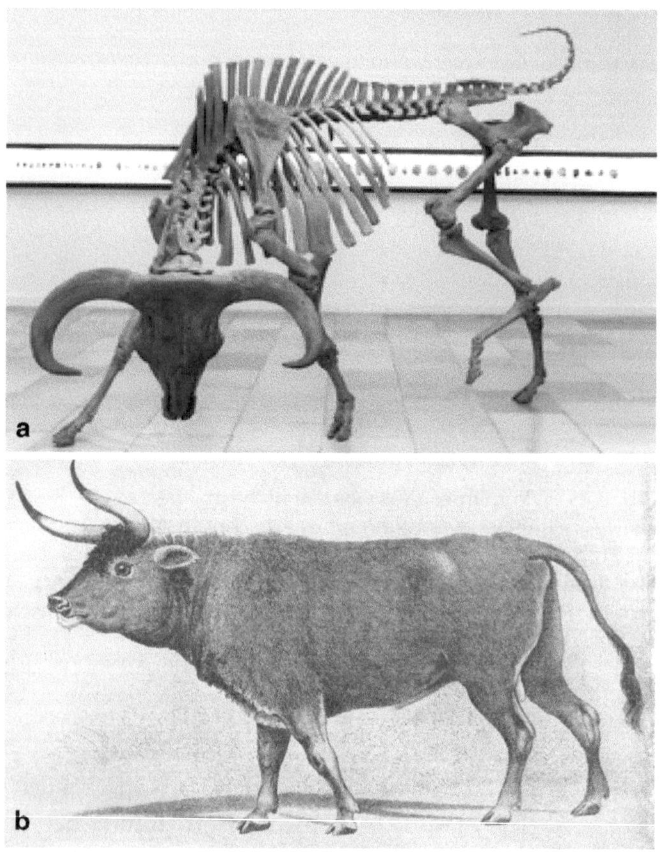

Abb. 8.5 Illustration zum Thema Ur-Stier. **a** Fossiles Skelett eines Ur-Stieres (Auerochsen) im Deutschen Jagd- und Fischereimuseum München. **b** Versuch einer Rekonstruktion. Sogenannter Augsburger Stier, Gemälde Charles Hamilton Smith, Brehms Tierleben, Small Edition 1927, © erloschen

und die Veränderung in der Form und Stellung der Hörner heutiger Stiere eine Folge der Domestikation sein musste. Später schrieb er:

„Auf allen Fall läßt sich der alte Stier als eine weit verbreitete untergegangene Stamm-Race betrachten wovon der gemeine und indische Stier als Abkömmlinge gelten dürften… Zwischen dem Urstier und Ochsen liegen Jahrtausende, und ich denke mir, wie das Jahrtausende hindurch von Geschlecht zu Geschlecht immer stärkere thierische Verlangen [siehe Lamarckismus], auch nach vorne hin, bequem zu sehen, die Lage der Augenhöhlen des Urstierschädels und ihre Form leicht verändert… Ehe der Mensch war, war der Urstier; er war wenigstens, ehe der Mensch für ihn da war. Der Umgang, die Pflege des Menschen hat des Urstiers Organisation unstreitig gesteigert“ (Goethe, Notizen aus seinem Tagebuch in den nachgelassenen Werken, 1834).

Demgegenüber meint der Philosoph Adolf Meyer-Abich: „Goethe ist kein Vorläufer Darwins; er war nicht an geschichtlicher Abstammung interessiert“ (Meyer-Abich 1963).

9 Die französischen Begründer der Evolutionstheorie: Buffon, Lamarck, Diderot und Geoffroy Saint-Hilaire

9.1 Buffon, der Graf, der, noch schwankend, Veränderungen der Arten für möglich hält

Georges-Louis Leclerc, Comte de Buffon (1707–1788), kurz als Buffon zitiert, war ein bedeutender Mathematiker, Kenner der Werke von Isaac Newton und Leibniz, und Gründer einer Erzhütte. Buffon (Abb. 9.1) war auch aktiver Naturforscher und wurde Direktor des Königlichen Botanischen Gartens (Jardin des Plantes) in Paris und als solcher in den Grafenstand erhoben.

Buffon schrieb in Zusammenarbeit mit anderen Gelehrten das monumentale Werk *Allgemeine und spezielle Geschichte der Natur* (*Histoire naturelle générale et particulière*); von 1749 bis zu seinem Tod 1788 erschienen 36 Bände.

Noch 1753 glaubte er an die Konstanz der Arten; sie seien nach einer inneren Gussform (*moule interieur*) geformt. „Das

Abb. 9.1 Beispiele von Illustrationen aus den Werken von Lorenz Oken und von Georges-Louis Leclerc, Comte de Buffon, © erloschen

erste Tier, das erste Pferd beispielsweise, war das äußere Modell und die innere Gussform, nach der alle gegenwärtigen und zukünftigen Pferde geformt worden sind und noch geformt werden. ... Die Art ist nichts anderes als eine konstante Aufeinanderfolge ähnlicher Individuen, die sich miteinander fortpflanzen" (zitiert nach Junker, 2004, S. 32f). Buffon greift das aristotelische Bild einer Stufenleiter wieder auf, fasst die Leiter aber als historisches Sinnbild auf; sie wird zur Stufenleiter, wobei jede Stufe von Neuem beginnt, ausgehend von organischen Keimen. Die Entwicklung von der unbelebten Welt bis hin zum Menschen sei über lange Zeiträume erfolgt. Buffon wagte es aufgrund von Abkühlversuchen rotglühender Kugeln in seinen Hüttenwerken, das Alter der Erde mit 75.000 Jahren deutlich höher als die 6000 Jahre anzunehmen, welche Bibelexperten wie Luther errechnet hatten. Das erste Leben sei im Meer entstanden. In den Beschreibungen der Tiere werden Bilder der Skelettanatomie gezeigt, Basis der künftigen vergleichenden Anatomie. Später kommt er zu dem Schluss: Alle Mitglieder einer Familie (nach Linné) stammten von einem gemeinsamen Vorfahren ab, von dem ausgehend sich einige vervollkommnet, andere jedoch zurückgebildet hätten – 100 Jahre vor Darwin von ihm als Hypothese formuliert. Als Ursache von Veränderungen nimmt er neben Umwelteinflüssen auch Hybridisierung an.

Buffons eleganter, klarer Schreibstil trug dazu bei, dass seine Schriften zu bedeutenden und nicht nur in Frankreich viel gelesenen Werken wurden, im Kontrast beispielsweise zum wirren Werk von Lorenz Oken, der andererseits Bilder von Tieren nebst ihren Schädeln veröffentlichte, die den Kunstwerken Buffons in nichts nachstanden (Abb. 9.1).

Buffon und nach ihm sein Schüler Lamarck (1809) erwogen weiterhin die Möglichkeit, Leben könne jederzeit durch

Urzeugung neu entstehen. Die winzigen, aus anorganischem Material entstehenden Teilchen („Infusorien") würden alsbald, einem inneren Trieb folgend, sich nach und nach zu höheren Formen weiterentwickeln; manche blieben auf dem Niveau von Pflanzen stehen, Tiere hätten es weiter gebracht, schließlich sei, wie bei Goethe, der Mensch zur höchsten Vollkommenheit vorangekommen. Welche Organismen sind nun aus dieser Sicht die ältesten, etwa der Mensch, weil er ausgehend von der Stufe der Infusorien alle Stufen der Vervollkommnung durchzulaufen hatte? Im Band 14 von 1766 fasst Buffon Veränderungen im Allgemeinen als Degeneration auf. Nutzlose Körperteile werden durch Rückbildung ehemals nützlicher erklärt. Er erwägt die Möglichkeit, Menschenaffen seien rückgebildete Menschen.

Darwin äußerte sich folgendermaßen über Buffon: „Da indessen seine Ansichten zu verschiedenen Zeiten sehr schwankten und er sich nicht auf die Ursache oder Mittel der Umwandlung der Arten einlässt, brauche ich hier nicht auf Einzelheiten einzugehen" (aus Darwin, *Die Entstehung der Arten*, im Original von 1859, Vorwort).

9.2 Diderot, der Enzyklopädist und Multiplikator

Buffons Ansichten spiegeln sich in der Enzyklopädie des Kompilators Denis Diderot (1713–1784) wider. Dieses lexikalische Werk war weltweit das erste seiner Art und umfasste am Ende 50 Bände. Buffon war einer der Mitarbeiter der Enzyklopädie, sodass diese somit auch seine Ideen in Europa verbreitete. Diderot äußerte sich aber auch in eigenen Schriften und Briefen, die nicht der Allgemeinheit zugänglich waren.

- **Urzeugung**: Im Nachklang der Weltsicht des Aristoteles wird der anorganischen Welt von Diderot das Potenzial zu einer Entwicklung hin zum Lebendigen zugesprochen. Er ersetzte die platonisch-aristotelische Seele durch eine *sensibilité universelle* (Brief an Sophie Volland 1759).
- **Überleben der Geeigneten**: Im Brief *Über die Blinden zum Gebrauch für die Sehenden* (1749) führte er an, dass nur lebensfähige, an ihre Umgebung angepasste Formen bestehen bleiben.
- **Artenwandel**: Die einzelnen Arten, hier am Beispiel der Vierfüßer, haben sich aus einem Urtier, einem Urbild aller Tiere entwickelt, die Natur habe nichts weiter getan, als gewisse Organe desselben zu verlängern, zu verkürzen, umzugestalten, zu vermehren oder wegzulassen (*Pensées sur l'interprétation de la nature* 1754).
- **Bekenntnis zum Lamarckismus**: In *D'Alemberts Traum* (1769), Philosophische Schriften Bd. I, bekennt sich Diderot zu Lamarck: „Die Organe schaffen die Bedürfnisse, und umgekehrt: die Bedürfnisse schaffen die Organe."

9.3 Jean-Baptiste de Lamarck, die verkannte Größe

Jean-Baptiste de Lamarck (1744–1829) wurde als jüngstes von elf Kindern seiner Eltern in Nordfrankreich geboren. Er diente als Offizier in der französischen Armee und war an der französischen Kampagne gegen das Haus Hannover beteiligt. Nach Quittieren des Militärdienstes studierte er Medizin und Naturkunde. Als Schüler Buffons übernahm er im Wesentlichen dessen Lehren.

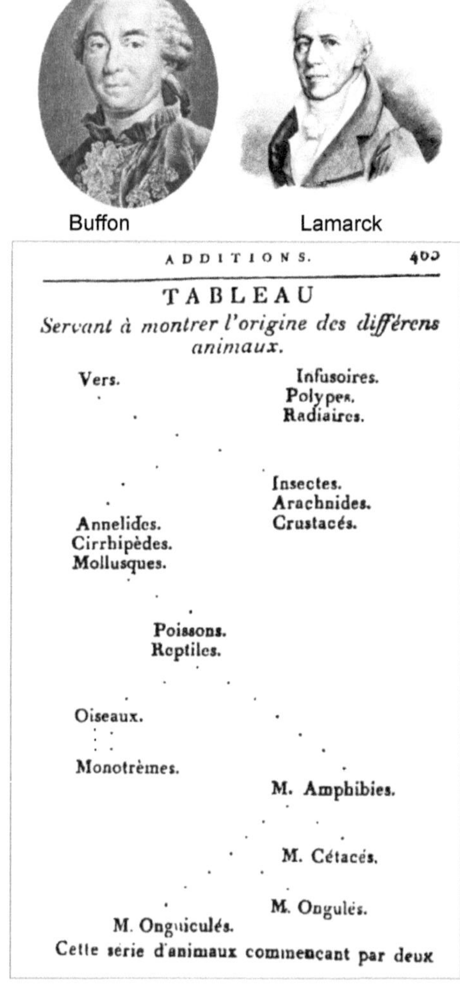

ADDITIONS. 403

TABLEAU

Servant à montrer l'origine des différens animaux.

Vers.

Infusoires.
Polypes.
Radiaires.

Insectes.
Arachnides.
Crustacés.

Annelides.
Cirrhipèdes.
Mollusques.

Poissons.
Reptiles.

Oiseaux.

Monotrèmes.

M. Amphibies.

M. Cétacés.

M. Ongulés.

M. Onguiculés.

Cette série d'animaux commencant par deux

Abb. 9.2 Buffon und Lamarck sowie eine Seite aus Lamarcks *Philosophie zoologique* mit dem ersten veröffentlichten Stammbaum. *Infusoires* = Infusorien, mikroskopisch kleine Einzeller und weitere Kleinstlebewesen, *Radiaires* = Radiärtiere: Korallen, Seesterne etc., *Vers* = Würmer, hier unsegmentierte wie Fadenwür-

Im Jahr 1778 erschien mit Buffons Unterstützung seine dreibändige Flora Frankreichs. Lamarck arbeitete als schlecht bezahlter Assistent am botanischen Garten Jardin des Plantes und ab 1793 als Professor am Musée National d'Histoire Naturelle. In dieser Position wurde er zum ersten Bearbeiter der „Wirbellosen", ein vom ihm geprägter Begriff; er prägte auch den Begriff „Biologie". Lamarck trennte Krebse (Crustacea), Spinnentiere (Arachnida) und Ringelwürmer (Annelida) von den Insekten und die Seescheiden (Tunikaten) von den Mollusken. Zudem sprach er auch bereits von Zellen.

1809 erschien sein achtbändiges Werk *Philosophie Zoologique,* in dem er seine Evolutionstheorie darlegte, beispielsweise mit der Ausführung: „Die Natur hat alle Tierarten nach und nach hervorgebracht. Sie hat mit den unvollkommenen begonnen und mit den vollkommenen aufgehört. Sie hat ihre Organisation graduell entwickelt." Gemeinsam mit seinem Lehrer Buffon nahm Lamarck an, ein innerer Trieb führe die Organismen hin zu zunehmender Vollkommenheit; und er fragte sich, wie es dennoch zu verschiedenen Lösungen kam; es musste der Einfluss der Umwelt sein, der diesen Trieb in diese oder jene Richtung lenkt.

Lamarck zeigte in seiner Philosophie als Erster versuchsweise einen Stammbaum (Abb. 9.2) der Tiergruppen, der selbstredend aufgrund des noch sehr lückenhaften Wissens keinen bleibenden Bestand haben konnte. So leitete er zwar

mer, *Arachnides* = Spinnentiere, *Crustacés* = Krebse, *Annelides* = Ringelwürmer, *Cirrhipèdes* = Seepocken, *Mollusques* = Mollusken (Schnecken, Muscheln, Tintenfische); *Poissons* = Fische, *Oiseaux* = Vögel, *Monotrèmes* = eierlegendes Schnabeltier (Vorsäugetier), *M.* = *Mammiferes* = Säugetiere. *M. Amphibies* = amphibische Säugetiere, *M. Cétacés* = Wale, *M. Ongulés* = Huftiere, Unpaarhufer; *M. Onguiculés* = Paarhufer

richtig die Vögel von Reptilien ab, aber auch (nicht richtig) das eierlegende Schnabeltier vom Vogel. Lamarck erhielt, dank auch der ablehnenden Einstellung Cuviers zu seiner Evolutionstheorie, zu Lebzeiten wenig Anerkennung und starb verarmt und erblindet. Und doch gehört Lamarck zu den ganz Großen. Selbst Darwin bezeichnet ihn als einen „mit Recht gefeierten Naturforscher".

Lamarck ist neben Darwin eine der ganz wenigen Persönlichkeiten, die in Schulbüchern der Biologie namentlich genannt werden, in der Regel jedoch mit negativem Unterton und in Verbindung mit dem Begriff Lamarckismus, der Hypothese von der Vererbbarkeit erworbener Eigenschaften. Es wird verkannt, dass dies die gängige Auffassung aller Naturforscher jener Zeit war, die an eine Veränderung von Lebewesen im Laufe langer Zeiträume glaubten, darunter auch Buffon, Kant, Goethe und Alexander von Humboldt. Es ist eine Auffassung, die erst mit dem Aufkommen der Genetik infrage gestellt wurde. Auch Darwin hing noch lamarckistischen Anschauungen nach. Lassen wir das hinlänglich vorgetragene Beispiel des Giraffenhalses beiseite, der sich mit dem Höherwachsen der Bäume mehr und mehr zu strecken hatte, und lassen Lamarck selbst zu Worte kommen:

> Erstes Gesetz: Bei jedem Tiere, welches den Höhepunkt seiner Entwicklung noch nicht überschritten hat, stärkt der häufigere und dauernde Gebrauch eines Organs dasselbe allmählich, entwickelt, vergrößert und kräftigt es proportional der Dauer dieses Gebrauchs; der konstante Nichtgebrauch eines Organs macht dasselbe unmerkbar schwächer, verschlechtert es, vermindert fortschreitend seine Fähigkeiten und läßt es endlich verschwinden.

Zweites Gesetz: Alles, was die Individuen durch den Einfluß der Verhältnisse, denen ihre Rasse lange Zeit hindurch ausgesetzt ist, und folglich durch den Einfluß des vorherrschenden Gebrauchs oder konstanten Nichtgebrauchs eines Organs erwerben oder verlieren, wird durch die Fortpflanzung auf die Nachkommen vererbt, vorausgesetzt, daß die erworbenen Veränderungen beiden Geschlechtern oder den Erzeugern dieser Individuen gemein sind.
(Lamarck, *Philosophie zoologique*, 1809)

Wenn man diese Aussagen im Wortlaut nur geringfügig ändert und den direkten Einfluss der Umwelt auf das (nach Goethe „hartnäckige") Erbgut durch den indirekten Einfluss der natürlichen Selektion ersetzt, ist man auch schon beim Darwinismus angelangt. Natürliche Selektion fördert die Entwicklung hin zu höherer Leistungsfähigkeit und wirkt stabilisierend gegen den Verfall von genetischer Information, der ohne fortlaufende Selektion droht.

In jüngster Zeit mehren sich in den Medien als Sensation deklarierte Berichte, wonach nach neuen Experimenten an Tieren und statistischen Erhebungen medizinisch orientierter Studien an Menschen der Lamarckismus gegenwärtig eine Renaissance erlebe. Darüber mehr in Abschn. 14.1 unter dem Stichwort Epigenetik.

9.4 Geoffroy Saint-Hilaire, der fantasievolle Visionär und Provokateur

Étienne Geoffroy Saint-Hilaire (meist nur als Geoffroy zitiert; 1772–1844, Abb. 9.3) war der einzige Kollege Lamarcks, der dessen Begräbnis beiwohnte. Er teilte dessen Auffassungen:

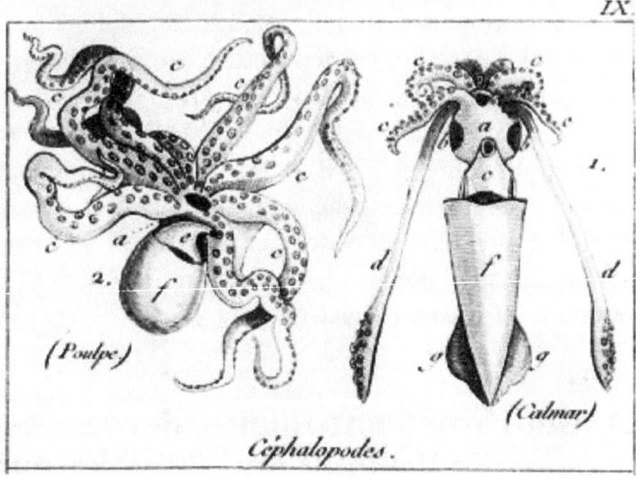

Abb. 9.3 Geoffroy Saint-Hilaire und Georges Cuvier, die Kontrahenten im Pariser Akademiestreit. Dabei spielte die Anatomie der Cephalopoden (Tintenfische) eine besondere Rolle. Cuvier war in ihrer Anatomie bewandert, die gezeigte Illustration stammt aus seinem Werk, © erloschen

„Die äußere Welt ist allmächtig in der Veränderung der Form organischer Körper. Diese Modifikationen werden vererbt und beeinflussen die restliche Organisation des Tieres; denn wenn diese Modifikationen zu schädlichen Auswirkungen führen, werden die Tiere, die sie erleiden, untergehen und ersetzt werden durch andere mit etwas unterschiedlicher Organisation, eine veränderte Form in Anpassung an die neue Umgebung“ (Saint-Hilaire, *Influence du monde ambiant pour modifier les formes animals,* 1833; der Text wurde indirekt aus dem Englischen übersetzt). Wie auch Aussagen Herders und Diderots nehmen diese Ausführungen das Prinzip der natürlichen Auslese vorweg. Und ähnlich wie bei Lamarck gilt: Wenn wir den Begriff Modifikation durch Mutation – also zufällige, bleibende Modifikation der materiellen Träger der Erbinformation, der DNA – ersetzen, sind wir schon beim Neodarwinismus.

Saint-Hilaire, der neben Lamarck als Professor für Wirbeltiere am Musée National d'Histoire Naturelle arbeitete, erkannte als Erster, dass Vögel von Dinosauriern abstammen (Lamarck hatte bereits auf Reptilien getippt). Laut Goethe hat er erfolgreich das Homologieprinzip der relativen Lage angewandt: „Diesen wichtigen Punkt, den man bei Untersuchung der höheren tierischen Osteologie ins Auge fassen muß, hat Geoffroy vollkommen richtig eingesehen und entschieden ausgedrückt: daß man irgendeinen besondern Knochen, der sich uns zu verbergen scheint, am sichersten innerhalb der Grenzen seiner Nachbarschaft entdecken könne“ (aus Goethe, *Bericht über den Akademiestreit von 1830*, enthalten in Becker 1999).

Geoffroy Saint-Hilaire nahm am Feldzug Napoleons nach Ägypten teil, wovon er viele Präparate wie mumifizierte

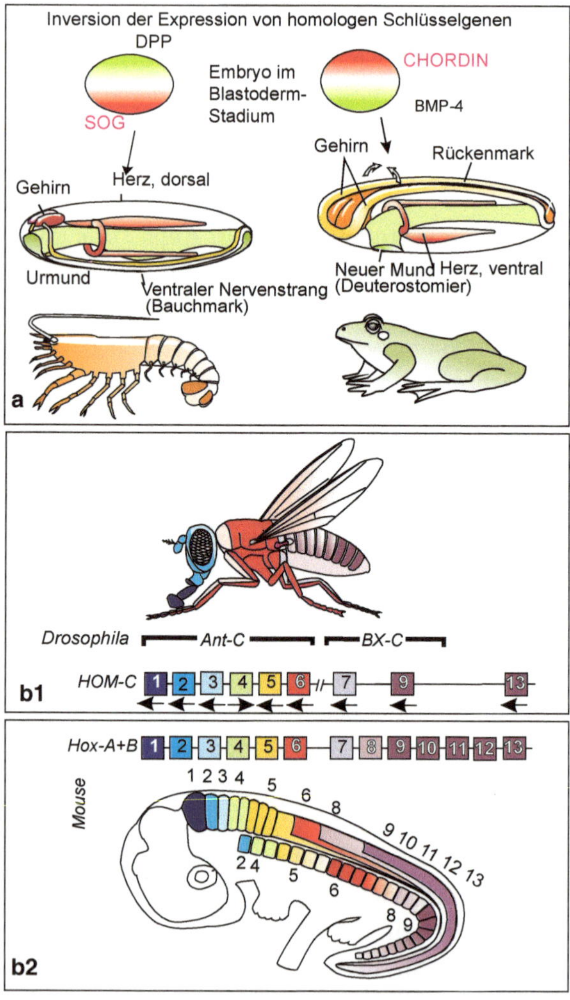

Abb. 9.4 **a** Die Inversionshypothese von Geoffroy Saint-Hilaire in der Sicht neuer molekulargenetischer Erkenntnisse. Gene, die im Embryo der Arthropoden (mit Krebstieren) die künftige Rückenseite festlegen, spezifizieren im Wirbeltier die Bauchseite. Um-

Vögel und Katzen mitbrachte. In seinem Buch *Philosophie anatomique* (1818) fragte er: „Kann die Organisation aller Vertebraten auf einen einzigen Grundtyp bezogen werden?" Er bejahte nicht nur dies (wobei er in diesem Punkt recht behalten sollte), sondern glaubte, auch die Wirbellosen würden dem gleichen Grundbauplan entsprechen. Für ihn waren alle tierischen Lebewesen eine einzige Verwandtschaftsfamilie.

Manche Äußerungen schienen ihn der Lächerlichkeit preiszugeben, so wenn er (sinngemäß) meinte: „Seht, wenn ich den Krebs auf den Rücken lege, ist auch bei ihm das Zentralnervensystem dem Himmel zugewandt und das Herz der Erde." Zur Verblüffung wohl aller Zoologen der Welt hat diese Inversionshypothese durch die moderne Molekulargenetik eine gänzlich unerwartete Wiederbelebung erfahren. Diejenigen Schlüsselgene, die im frühen Wirbeltierembryo die Bauchseite definieren, markieren und determinieren bei den Arthropoden die Rückenseite, und umgekehrt (Abb. 9.4).

gekehrt spezifizieren Gene, die bei Arthropoden die Bauchseite festlegen, im Wirbeltier die Rückenseite. Die Gene *DPP* und *BMP-4* sind homolog, das heißt weitgehend identisch und aus einem gemeinsamen Ur-Gen hervorgegangen, entsprechend auch die Gene *SOG* und *CHORDIN*. Weiteres in Müller & Hassel 2012; hieraus sind auch die Bilder (© Springer Verlag) entnommen. **b** Reihenfolge, in der die Gene der *Hox*-Gruppe auf den Chromosomen angeordnet sind und im Körper zur Geltung kommen (exprimiert werden). Obwohl die Fliege *Drosophila* (b1) zu den Wirbellosen, die Maus (b2) zu den Wirbeltieren gehört, sind in beiden Gruppen gleiche Gene vorhanden und werden im Körper von vorn nach hinten der Reihe nach exprimiert, eines der vielen Belege, dass es auch zwischen Wirbellosen und Wirbeltieren viele Gemeinsamkeiten gibt, die Auffassung von Geoffroy Saint-Hilaire stützend. Bilder aus Müller & Hassel 2012 (© Springer Verlag)

Geoffroy lud den jungen Georges Cuvier nach Paris ein, eine schicksalhaftes Ereignis, denn nach einiger Zeit der Zusammenarbeit kam es zu grundverschiedenen Auffassungen. Für Cuvier, den ungemein kenntnisreichen und künstlerisch begabten Anatomen und Paläontologen, gliederte sich das Tierreich in vier getrennte Grundtypen: 1. Vertebrata, 2. Articulata, 3. Mollusca und 4. Radiata. Zwischen ihnen gab es für Cuvier keine Übergänge.

Nach Cuviers Vorstellung, von der Nachwelt Katastrophentheorie genannt, waren untergegangene Formen Zeugnisse großer Katastrophen, und so erkannte und belegte er als wohl Erster, dass Arten aussterben können. Er entwickelte diese Vorstellung aufgrund genauer Untersuchungen von Fossilien im Pariser Becken: Terrestrische Organismen wurden von Wassermollusken, Meeresmollusken von Süßwassermollusken abgelöst, ohne dass (an diesen Orten) Übergangsformen zu erkennen waren. Nach einer Katastrophe seien die betroffenen Regionen durch Einwanderer, vielleicht auch durch Urzeugung, neu besiedelt worden.

Wie die vier Reiche der Tiere entstanden seien, darüber sind keine Hypothesen Cuviers überliefert (der britische Geologe Charles Lyell unterstellte ihm zu Unrecht, er habe nach Katastrophen Neuschöpfung durch Gott angenommen).

Zum großen Zerwürfnis kam es, als zwei Schüler Geoffroys in die Anatomie der Tintenfische und Wirbeltiere gleiche Baupläne hineinzuinterpretieren versuchten. Dies war nun tatsächlich zu viel der puren Fantasie, schließlich waren Wirbeltiere und Mollusken über mehrere Hundert Millionen von Jahren andere Wege gegangen, und Cuvier kannte sich in Anatomie aus wie kein anderer zu seiner Zeit.

Das Zerwürfnis gipfelte im berühmt gewordenen Pariser Akademiestreit, aus dem Cuvier in der Sache als momentaner Sieger, Geoffroy als ideeller Sieger auf lange Sicht hervorgehen sollte.

9.5 Saint-Hilaire contra Cuvier aus heutiger Sicht

Warum wird hier gesagt, Geoffroy Saint-Hilaire sei im Streit mit Cuvier „als ideeller Sieger" hervorgegangen? Nicht nur im Falle der Inversionshypothese hat die Molekulargenetik Verblüffendes zutage gefördert, was kein Anatom und Zoologe jemals vorhersehen konnte oder zu sagen gewagt hätte, ohne seinen Ruf als seriöser Wissenschaftler zu ruinieren. Man stelle sich eine Fliege und eine Maus vor, wo sollen da im äußeren Bild und in der inneren Anatomie Gemeinsamkeiten sein? Und doch sagen Gene gänzlich Unerwartetes, beispielsweise Gene, die man *Hox*-Gene nennt. In der Taufliege *Drosophila* ist man einer Serie von Genen auf die Spur gekommen, die auf den Chromosomen zusammengeschart sind und die der Reihe nach, ein Gen nach dem anderen, entlang der Vorn-hinten-Körperachse zum Einsatz kommen (Fachsprache: „exprimiert werden"). Die von diesen Genen codierten Proteine markieren Orte und sagen, indem sie an diesen Orten und nur hier andere Gene steuern, wie die Segmente ortsgerecht abgewandelt werden sollen, damit beispielsweise an den drei Brustsegmenten der Fliege Beine, am mittleren Brustsegment dazu auch noch Flügel entstehen (Abb. 9.4b1). Die gleiche Serie von Genen ist aber auch im Embryo der Maus und im Embryo aller weiteren Säugetiere einschließlich des Menschen mit gleicher Funktion am Werk (Abb. 9.4b2). Auch hier dienen sie diese Gene dazu, Körperregionen zu markieren und ortsgemäß umzugestalten. Sie bestimmen beispielsweise, dass die Wirbel im Halsbereich, Brustbereich und in der Steißregion in verschiedener Weise abgewandelt werden. Entsprechend besorgen sie auch die ortsgerechte Abwandlung des Rückenmarks entlang des Halses und des Rückens.

Die Molekulargenetik hat noch manch weitere Überraschung parat, wenn es um den Vergleich von Wirbeltieren mit Wirbellosen geht. So gibt es zahlreiche Gene, die beide Gruppen gemeinsam nutzen, beispielsweise in der Entwicklung der anatomisch verschiedenen Nervensysteme (Weiteres darüber ist zu lesen in Müller & Hassel 2012). Dies betrifft sogar die anatomisch so verschiedenen Tintenfische einerseits und Wirbeltiere andererseits, die im Zentrum des Pariser Akademiestreites standen. Allein in der Entwicklung der im anatomischen Bau gänzlich unterschiedlichen Augen der Maus und der Krake *Octopus* sind es 875 Gene, die in beiden Gruppen vorkommen, bei der Augenentwicklung genutzt werden (Atsushi et al. 2004) und elementare Vorgänge bei der Perzeption von Licht und der Umcodierung von Lichtinformation in elektrische Aktivitäten steuern.

9.6 Der Pariser Akademiestreit und Goethes Stellungnahme

Ein Rückblick auf die Geschichte in Stichworten. Wir schreiben das Jahr 1830.

- Die I. Französische Revolution (1787–1799) war Geschichte,
- Napoleon I. (1799–1815), Kaiser aus eigenen Gnaden, hatte seinen Part in der Geschichte schon zu Ende gespielt.
- II. Juli-Revolution (1830): Erneut hatte sich in Frankreich eine Monarchie unter den Bourbonen etabliert und sich verhasst gemacht. Es kommt 1830 zum definitiven Sturz des Königtums in Frankreich.

Am 2. August 1830 kam es zwischen Johann Wolfgang von Goethe und Frédéric Jacob Soret, einem Schweizer Privatgelehrten, der in Weimar zu Besuch weilte, zu folgendem Missverständnis (Soret und Houben 1929, Houben 1929):

Soret berichtete: „Die Nachrichten von der begonnenen Julirevolution gelangten heute nach Weimar und setzten alles in Aufregung. Ich ging im Laufe des Nachmittags zu Goethe."

Goethe äußerte hierzu: „Nun, rief er mir entgegen, was denken Sie von dieser großen Begebenheit? Der Vulkan ist zum Ausbruch gekommen; alles steht in Flammen, und es ist nicht ferner eine Verhandlung bei geschlossenen Türen!"

„Eine furchtbare Geschichte!", erwiderte ich, „aber was ließ sich bei den bekannten Zuständen und bei einem solchen Ministerium anderes erwarten, als daß man mit der Vertreibung der bisherigen königlichen Familie endigen würde."

„Wir scheinen uns nicht zu verstehen, mein Allerbester", erwiderte Goethe. „Ich rede gar nicht von jenen Leuten; es handelt sich bei mir um ganz andere Dinge. Ich rede von dem in der Akademie zum öffentlichen Ausbruch gekommenen, für die Wissenschaft so höchst bedeutenden Streit zwischen Cuvier und Geoffroy de Saint-Hilaire!“

Goethe hatte lebhaft Anteil genommen und stellte sich auf die Seite von Geoffroy. Hier einige weitere Zitate aus Johann Peter Eckermann, *Gespräche mit Goethe* (1830). „Geoffroy de Saint-Hilaire hingegen ist im stillen um die Analogien [heute Homologien] der Geschöpfe und ihre geheimnisvollen Verwandtschaften bemüht… Die Grundsätze, nach welchen er die Natur betrachtet, spricht er endlich in einem 1818 herausgegebenen Werke deutlich aus und erklärt seinen Hauptgedanken: die Organisation der Tiere sei einem allgemeinen, nur hie und da modifizierten Plan, woher die Unterscheidung derselben abzuleiten sei, unterworfen.“

„Ich habe mich seit fünfzig Jahren in dieser großen Angelegenheit [gemeint ist: Suche nach einem einheitlichen Bauplan] abgemüht; anfänglich einsam, dann unterstützt und zuletzt zu meiner großen Freude überragt durch verwandte Geister. … Jetzt ist nun auch Geoffroy de Saint-Hilaire entschieden auf unserer Seite und mit ihm alle seine bedeutenden Schüler und Anhänger Frankreichs. Dieses Ereignis ist für mich von ganz unglaublichem Wert, und ich jubele mit Recht über den endlich erlebten allgemeinen Sieg einer Sache, der ich mein Leben gewidmet habe und die ganz vorzüglich auch die meinige ist“ (Eckermann 1830).

Nicht überraschend werden diese Äußerungen von den Goethe-Forschern sehr verschieden gedeutet.

10 Die neuen Wissenschaftsgebiete Paläontologie und Embryologie liefern wichtige Beiträge: Georges Cuvier, Alexander von Humboldt, Karl Ernst von Baer

10.1 Georges Cuvier als Paläontologe

Wir nennen hier drei Persönlichkeiten, die als Begründer der Paläontologie gelten, das heißt der Wissenschaft von den in früheren Zeiten existierenden, nun aber vielfach ausgestorbenen und nur in fossilen Relikten dokumentierten Lebewesen: Es sind die oben schon genannten genialen Persönlichkeiten Gottfried Wilhelm Leibniz und Georges Cuvier, dazu gesellen wir nun auch Alexander von Humboldt (Abb. 10.1).

Cuvier beschrieb unglaublich viele Organismen, auch viele Fossilien (Abb. 10.2). Dies machte ihn zwar nicht zum Bekenner des Evolutionsgedankens, aber die sich nunmehr häufenden Belege unterstützten mehr und mehr

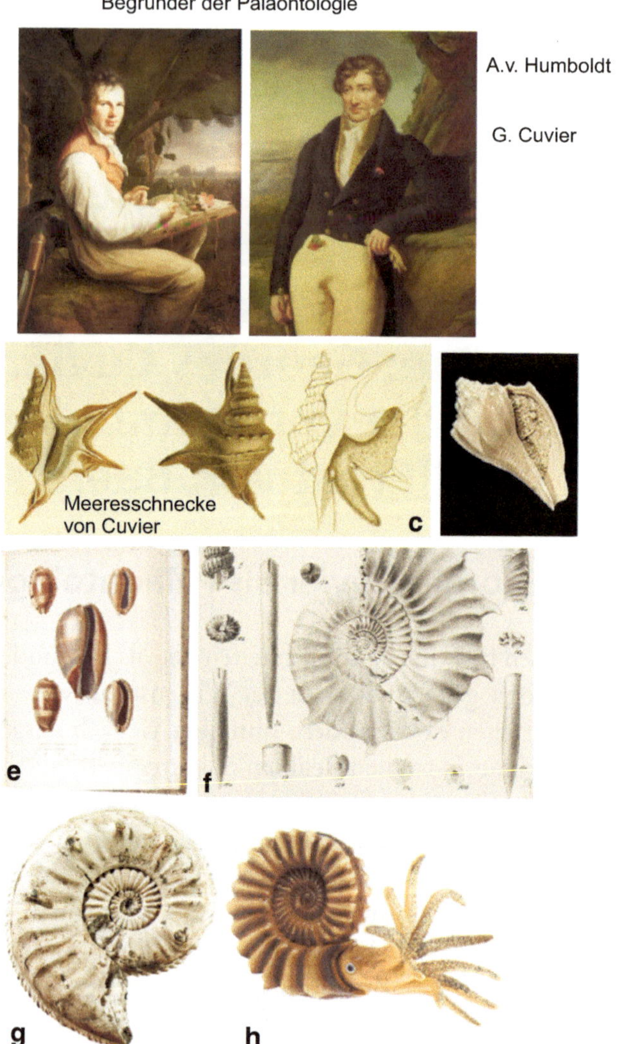

Abb. 10.1 Zu den Begründern der Paläontologie zählen nach Leibniz insbesondere Cuvier (**b**), der viele Fossilien aus dem Pariser

die Auffassung, dass in der Vergangenheit pflanzliche und tierische Formen existierten, die heutzutage verschwunden sind, und dass es bisweilen auch Formübergänge gibt, die sich als Ergebnis einer Evolution interpretieren lassen.

10.2 Alexander von Humboldt, zwischen Goethe und Darwin

Mit Alexander von Humboldt (1769–1859) gehen wir auf einen Naturforscher mit Weltgeltung ein, dessen Lebenszeit die späten Lebensjahre Goethes (1749–1832) und die frühen Lebensjahre Darwins (1809–1882) überschnitt. Die Einordnung „zwischen Goethe und Darwin" gilt jedoch nicht nur für die Lebenszeit, sondern auch für Humboldts Naturauffassung und seine Ideen zur Naturgeschichte. Alexander von Humboldt hatte mit seinem Bericht über seine Expeditionen nach

←

Becken beschrieb, und Alexander von Humboldt (**a**), der Fossilien in Südamerika sammelte. Aus dem Vergleich heute noch lebender Organismen mit versteinerten Arten, die es heute nicht mehr gibt, erwuchs die Vorstellung, dass Arten aussterben können. Besonders reichhaltig findet man Fossilien aus den Schalen von Mollusken; allgemein bekannt sind die Schalen früherer Cephalopoden (Tintenfische) aus der Klasse der Ammoniten (**f**, **g**, **h**) und Belemniten („Donnerkeile", Bild **f**), wie sie Alexander von Humboldt selbst in Brasilien fand. Bilder: **c** eine lebende marine Schnecke aus Cuviers Werk *Mémoires pour servir a l'histoire et a l'anatomie des mollusques,* Paris 1817, **d** eine fossile Schnecke ähnlicher Art (*Athleta*) aus dem Pariser Becken, **e** aus Cuviers Werk wie **c**, **f** fossile Ammoniten und Belemniten aus einem Werk von Antonin Fric und Urban Schlönbach 1872, © erloschen, **g** Ammonit aus der Sammlung des Paläontologischen Museums München, **h** Modell eines Ammoniten aus dem Shop des Urweltmuseums Aalen

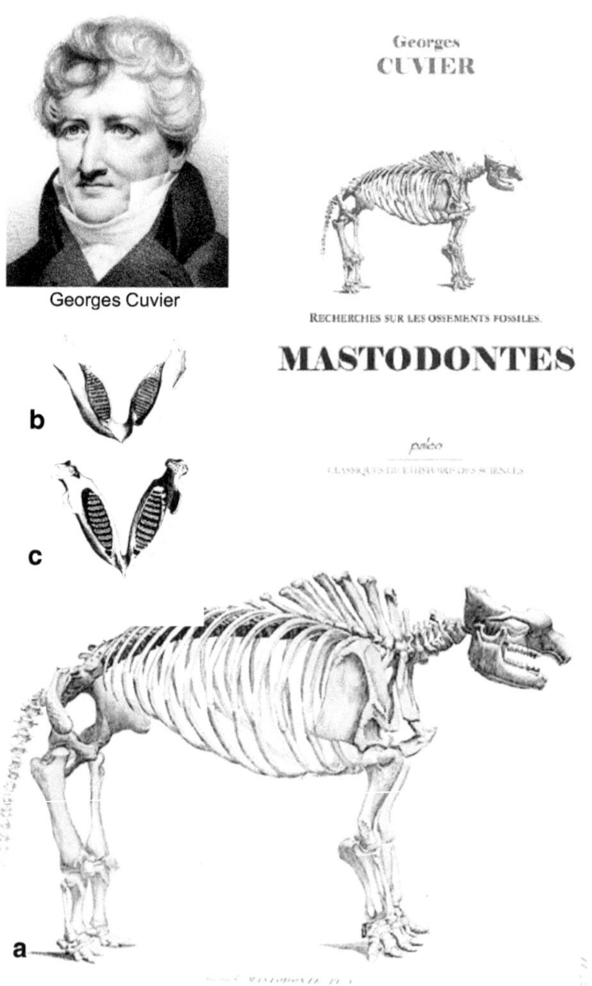

Abb. 10.2 Georges Cuvier als Paläontologe. Hier Skelett und Beschreibung eines Mastodonten, eines ausgestorbenen mammut- bzw. elefantenähnlichen Rüsseltieres, das er erstmals 1806 als *mastodonte à dents étroites* beschrieben hatte, © erloschen

Mittel- und Südamerika Geographie, Meteorologie, Geologie, Botanik, Zoologie und Völkerkunde ungemein bereichert.

Bereits als Student in Cambridge las Darwin Humboldts Werk *Reise in die Äquinoktialgegenden des neuen Kontinents.* Es sollte sein Reiseführer auf seiner eigenen Reise mit dem Forschungsschiff *Beagle* werden. „Ich bewunderte früher Humboldt, jetzt bete ich ihn beinahe an", heißt es in einem Brief Darwins an Professor Henslow (http://darwin-online.org.uk/). Kurz vor seinem Tod bezeichnet Darwin Humboldt als den größten wissenschaftlichen Reisenden, der je gelebt habe.

Umgekehrt las Humboldt Darwins Reisetagebuch, das er von seiner Reise mit der *Beagle* mitgebracht hatte und das auf Humboldts (und Liebigs) Anregung hin ins Deutsche übersetzt wurde. Allerdings hat Humboldt das Erscheinen von Darwins großem Hauptwerk *On the Origin of Species* nicht mehr erlebt.

Im Hinblick auf die aufkeimende Evolutionstheorie war Humboldt anfänglich noch skeptisch gegenüber denjenigen, „welche gern von allmählichen Umänderungen der Arten träumen und die benachbarten Inseln eigenständigen Papageien als umgewandelte Species betrachten".

Andererseits fragte er sich, warum in den untersten geologischen Schichten die niedersten tierischen Formen, in jüngeren Schichten auch weiter entwickelte gefunden wurden. Und er erkannte, wie sich Eigenschaften von Arten, beispielsweise die Länge und Härte der Nadeln von Nadelbäumen, mit zunehmender Höhe des Standortes über dem Meeresspiegel graduell veränderten.

Humboldt folgte Herder, wenn er schrieb: „Es lässt sich erklären, wie auf einem gegebenen Erdraum die Individuen einer Pflanzen- oder Tierklasse einander der Zahl nach beschränken, wie nach Kampf und langem Schwanken durch die Bedürfnisse der Nahrung und Lebensart sich ein Zustand des Gleichgewichts einstellte; … “.

In kritischen Bemerkungen zu Äußerungen des schweizerisch-amerikanischen Naturforschers und ‚Entdeckers‘ der Eiszeiten, Louis Agassiz, soll Humboldt sich gegen die Katastrophentheorie Cuviers gestellt und sich für Geoffroy und Goethe eingesetzt haben. Emil Heinrich du Bois-Reymond (1818–1896) äußerte: „Minder bekannt ist, dass Humboldt auch vordarwinischer Darwinianer war.“ (Die in diesem Abschnitt aufgeführten Zitate stammen aus May 1914, Neudruck 2012.)

10.3 Auch die neu entstehende Embryologie liefert wichtige Beiträge: Karl Ernst von Baer

Zu den bedeutendsten Biologen seiner Zeit zählte der in Estland geborene, deutsch-baltische, u. a. in Würzburg ausgebildete und an der Universität von Königsberg und später an der Akademie von St. Petersburg und in Dorpat lehrende und schreibende Zoologe und Embryologe Karl Ernst Ritter von Baer (1792–1876). Er spürte in mehreren Säugerarten die Eier auf und betrieb vergleichende embryologische Studien. Er war es auch, der die Chorda dorsalis, den embryonalen Platzhalter der Wirbelsäule aller Wirbeltiere, und die Kiemenanlagen des Menschen beschrieb; nicht zuletzt gelang ihm die von Darwin aufgegriffene Beobachtung, dass alle Wirbeltiere vorübergehend ein sehr ähnliches Embryonalstadium durchlaufen und die Entwicklung danach erst divergent wird.

Wenn man Embryonen von Wirbeltieren sammelt, sie mit einer Lupe betrachtet und die Stadien vergleicht, in der die Extremitätenknospen der vierfüßigen Tiere gerade zu sprossen beginnen, bemerkt man große Ähnlichkeiten (Abb. 10.3). Karl Ernst von Baer schrieb hierzu: „Die Embryonen der Säugethiere, Vögel, Eidechsen und Schlangen, und wahrscheinlich auch der Schildkröten, sind in früheren Zuständen einander ungemein ähnlich im Ganzen, … Je weiter wir also in der Entwicklungsgeschichte der Wirbelthiere zurückgehen, desto ähnlicher finden wir die Embryonen im Ganzen und in den einzelnen Theilen."

Neue Strukturen tauchen in einer Zeitfolge auf, die mit der Stellung der Tiere im zoologischen System korreliert zu sein scheint: Chorda und Kiementaschen erscheinen bei Tetrapoden früher als die Extremitätenknospen; diese früher als Feder- oder Haarkleid. Solche Beobachtungen hatten Karl Ernst von Baer (1837, 1864) veranlasst, darauf hinzuweisen, „daß das Gemeinsame einer größeren Thiergruppe sich früher im Embryo bildet als das Besondere …, bis endlich das Speziellste auftritt." Erst treten die gemeinsamen Merkmale der Wirbeltiere zutage, dann die der einzelnen Klassen, Ordnungen, Familien, zuletzt die Besonderheiten des Individuums. Auf dieser Beobachtung fußt das von Ernst Haeckel (1834–1919, Jena) formulierte, bis heute umstrittene „ontogenetische oder biogenetische Grundgesetz", das besagt, die Ontogenie (Individualent-

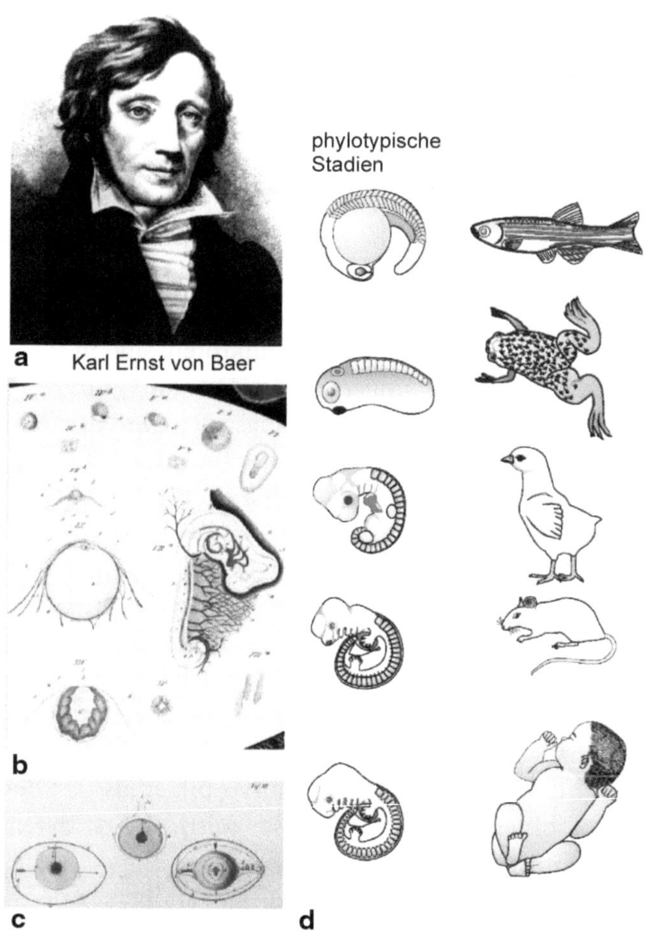

Abb. 10.3 Karl Ernst von Baer, der Begründer der vergleichenden Embryologie. Er beschrieb u. a. die Ähnlichkeiten, welche die Embryonen der Wirbeltiere in einem mittleren Stadium ihrer Embryonalentwicklung aufweisen. Sie besitzen jene Merkmale, die für den ganzen Tierstamm der Wirbeltiere charakteristisch sind. Es

wicklung) sei eine abgekürzte Form der Phylogenie (Stammesgeschichte). Haeckel war in heftige Kritik geraten, weil er, um seine Auffassung zu begründen, das Gemeinsame gegenüber dem Trennenden betonte und die frühen Embryonen einander viel ähnlicher zeichnete, als sie in Wirklichkeit sind (Abb. 10.4). Ihm wurde, insoweit zu Recht, Fälschung vorgeworfen.

Von Baer selbst glaubte zwar an einen Artenwandel im Rahmen einer größeren Tiergruppe wie den Wirbeltieren, lehnte aber eine durchgängige Evolution des ganzen Tierreiches, wie sie Geoffroy Saint-Hilaire postulierte, ab. Von Baer erlebte noch das Erscheinen von Darwins *Origin of Species*. Er bekennt 1876: „Zuvörderst habe ich das ungewöhnliche Glück, dass ich sowohl als Förderer der Darwinschen Lehre, wie auch als Gegner derselben angeführt werde. In der Tat glaube ich für die Begründung derselben einigen Stoff geliefert zu haben, wenn auch die Zeit und Darwin selbst auf das Fundament ein Gebäude aufgeführt haben, dem ich mich fremd fühle" (Baer 1876).

← gehören dazu die Chorda dorsalis, ein lang gestreckter knorpelähnlicher Stützstab, der die Stelle der späteren Wirbelsäule einnimmt, ein dorsales Neuralrohr, aus dem Gehirn und Rückenmark hervorgehen, vier bis sechs Kiemenanlagen, ein Blutkreislauf mit einem einkammerigen Herzen und vier bis sechs Kiemenbogen-Arterien. Weiteres in Müller & Hassel 2012; hieraus sind auch die Abbildungen der Embryonen (© Springer Verlag) entnommen

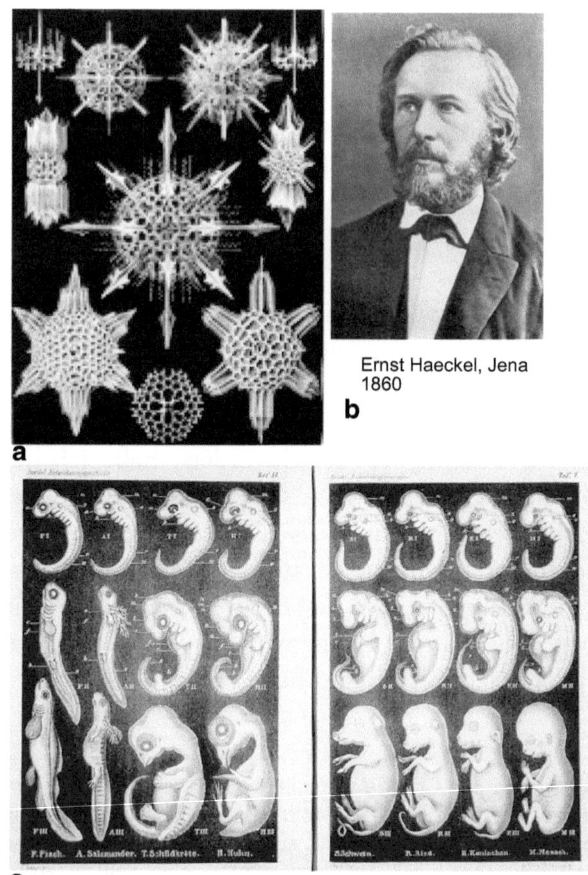

Abb. 10.4 Ernst Haeckels Beiträge zur Evolutionstheorie sind vielfältig. Heftig angegriffen wurde seine auf Karl Ernst von Baers Arbeiten basierende Darstellung von Wirbeltierembryonen. Um die Gemeinsamkeiten hervorzuheben und seinen Argumenten Nachdruck zu verleihen, machte er die in der ersten Reihe gezeigten phylotypischen Stadien (**c**) ähnlicher als sie in Wirklichkeit sind. Viel Anerkennung hingegen erhielten sein Werk über die Radiolarien (**a**), das er Darwin widmete, und seine grandiosen, von ihm selbst gefertigten Bilder über Kunstformen der Natur, © erloschen

11
In Fortsetzung der französischen Vorarbeiten: Skurriles bei Schopenhauer, Beiträge von Erasmus Darwin und Alfred R. Wallace

Im Folgenden sollen kurz einige weitere Wegbereiter und Vordenker Darwins vorgestellt werden, wobei die Reihe bewusst kurz gehalten wurde und keinen Anspruch auf Vollständigkeit erhebt.

Arthur Schopenhauer (1788–1860) war ein Philosoph mit einer freilich skurrilen Vorstellung. Seine Äußerung, „daß aus dem Unorganischen die untersten Pflanzen, aus den faulenden Resten dieser die untersten Tiere und aus diesen stufenweise die oberen entstanden sind, ist der einzige mögliche Gedanke“, kann man noch als traditionelle Annahme einordnen. Richtig skurril wird es hingegen bei seiner Aussage, „wir wollen es uns nicht verhehlen, dass wir danach die ersten Menschen uns zu denken hätten als in Asien vom Pongo und in Afrika vom Schimpansen geboren, wiewohl nicht als Affen, sondern sogleich als Menschen“ (*Parerga und Paralipomena*, 1851, zitiert nach Dietrich 2011).

Erasmus Darwin (1731–1802) war der Großvater von Charles Darwin. Sein Hauptwerk *Zoonomia, or, The Laws of Organic Life* schrieb er zwischen 1794 und 1796. Erasmus Darwin fragte sich schon vor Lamarck, *„would it be too bold to imagine, that all warm-blooded animals have arisen from one living filament, which THE GREAT FIRST CAUSE endued with animality, with the power of acquiring new parts…* " (deutsch etwa: „wäre es zu kühn sich vorzustellen, dass alle warmblütigen Tiere entstanden seien aus einem lebenden Filament, welches DIE GROSSE ERSTE URSACHE mit Animalität ausgestattet habe, mit der Fähigkeit, neue Teile zu erwerben… ").

Alfred Russel Wallace lebte zwischen 1823 und 1913 und war somit ein Zeitgenosse von Charles Darwin. Als vielgereister Naturforscher kannte er die Werke von Lamarck und Geoffroy Saint-Hilaire. Seine eigenen Werke waren im Jahr 1880 *Island Life* und *The Geographical Distribution of Animals*. Er wird nach Jahren des Vergessens heute viel genannt, da er unabhängig von Charles Darwin die Rolle der natürlichen Selektion erkannte, ohne allerdings explizit diesen Begriff zu gebrauchen.

Wie weiter oben bereits erwähnt, hatten Diderot und Herder schon lange zuvor die Idee, dass bei der Vielzahl der Nachkommen nur die besten und am wenigsten mit Fehlern behafteten überleben würden, doch wird heutzutage neben Darwin nur Wallace als Begründer dieser Vorstellung genannt. Wallace schrieb in seiner Autobiografie, ihm sei der Gedanke gekommen, bei der hohen Zahl von Nachkommen müssten viele zugrunde gehen; nur wenige könnten überleben, weil sonst die Erde bald überbevölkert wäre. Er verfasste ein Manuskript mit dem Titel *On the tendencies of*

Varieties to Depart Indefinitely from the Original Type (1858, deutsch: „Über die Tendenz der Varietäten sich unendlich von der Ursprungsform zu entfernen"); dieses Manuskript bekam Darwin, mit dem Wallace in Briefwechsel stand, zu lesen, und er las darin beispielsweise: „Diese Entwicklung, in kleinen Schritten und in verschiedene Richtungen, stets kontrolliert und korrigiert von den Lebensbedingungen, durch die allein die Existenz geschützt werden kann,…." Auf Anraten von Darwins Bekannten (Lyell, Hooker) konnte Wallace diese Gedanken in einer Abhandlung für die Linnean Society of London 1858 veröffentlichen, zusammen mit einem Auszug aus dem im Entstehen begriffenen Werk Darwins *On the Origin of Species.*

12 Die Sonderstellung von Charles Darwin

Charles Darwin lebte von 1809 bis 1882. Obzwar wie Herder auch als Theologe ausgebildet, war Darwin finanziell unabhängig und nicht auf eine Anstellung in einer kirchlichen Institution angewiesen, und er war im Herzen leidenschaftlicher Naturforscher, der nicht nur in den Schriften anderer, sondern in der Natur selbst forschte. Er fragte: Was geht in der Natur wirklich vor?

Darwins Hauptwerke sind (Abb. 12.1):

- 1859 *On the Origin of Species by Means of Natural Selection, or the Preservation of Favoured Races in the Struggle for Life.* (Deutsch: „Über den Ursprung von Arten durch natürliche Zuchtwahl, oder die Erhaltung begünstigter Rassen im Kampf ums Dasein", mehrere jeweils verbesserte Ausgaben durch JV Carus, 1823–1903). Spätere von Darwin bearbeitete Auflagen trugen nur noch den Titel *On the Origin of Species* (deutsch Übersetzungen meistens: „Die Entstehung der Arten").
- 1868 folgte *The Variation of Animals and Plants under Domestication* („Die Veränderung von Tieren und Pflanzen unter dem Einfluss der Domestikation"). Dieses Werk

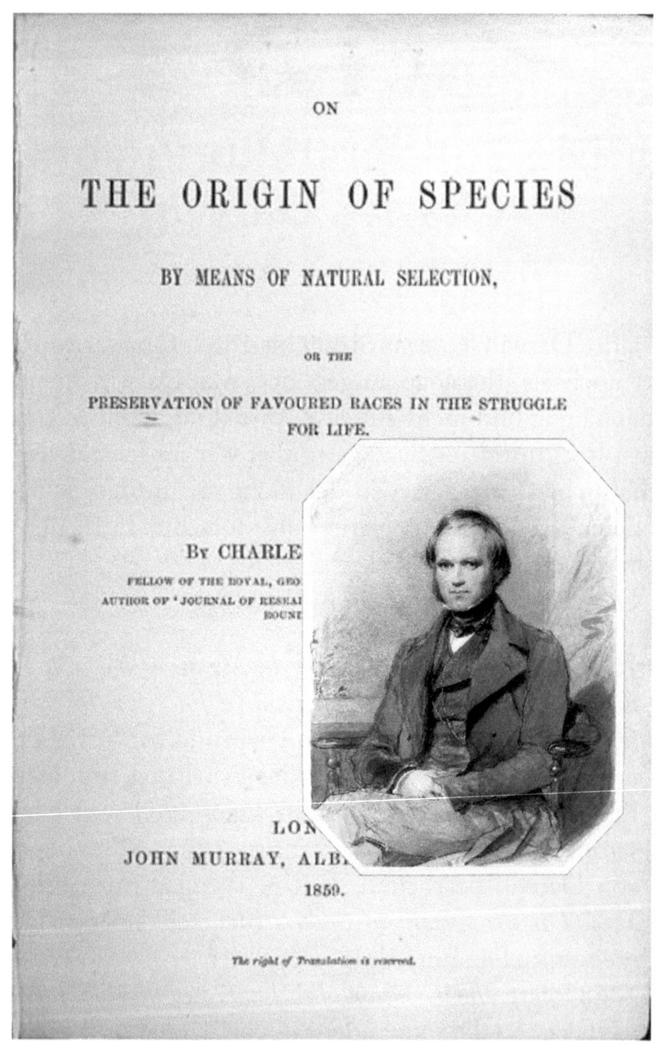

ON

THE ORIGIN OF SPECIES

BY MEANS OF NATURAL SELECTION,

OR THE

PRESERVATION OF FAVOURED RACES IN THE STRUGGLE FOR LIFE.

BY CHARLE

FELLOW OF THE ROYAL, GEO

AUTHOR OF 'JOURNAL OF RESEA

BOUN

LON

JOHN MURRAY, ALB

1859.

The right of Translation is reserved.

Abb. 12.1 Titelblatt der Erstausgabe von Darwins *On the Origin of Species*. Das in das Blatt hinein kopierte Bild Darwins ist eine Kopie eines Gemäldes von George Richmond, © erloschen

enthält auch Darwins lamarckistisch orientierte Pangenesis-Theorie.

- 1871 erschien *The Descent of Man, and Selection in Relation to Sex* („Die Abkunft des Menschen und die geschlechtliche Zuchtwahl", Ausgabe JW Carus 1871).

12.1 Darwins Theorie kurz gefasst

Wenn trotz aller Vordenker heute Charles Darwin eine überragende Sonderstellung eingeräumt wird, und dies zu Recht, dann aus zwei Hauptgründen:

Zum einen sammelte Darwin ungeheuer viele Belege für Evolution und arbeitete diese systematisch auf. Im Zentrum stand dabei die vergleichende Anatomie/Morphologie, über die Darwin im Kap. 14 seines Hauptwerkes *On the Origin of Species* schrieb: „Morphology … the most interesting department of natural history, and may be said to be its very soul." (Deutsch in etwa: „Morphologie … die interessanteste Sparte der Naturgeschichte, und, man könnte sagen, ihre eigentliche Seele"). Ergänzend und erweiternd kamen zur vergleichenden Anatomie die vergleichende Embryologie (s. Abb. 12.3), Physiologie, Biogeographie, Paläontologie, die damals im Aufkommen begriffene Fossilienkunde und schließlich das Verhalten der Tiere und des Menschen hinzu. Alle diese Gebiete sollten fortan unzählige weitere Belege liefern, später ergänzt durch die Zellbiologie, Biochemie und Genetik.

Zum anderen lieferte Darwin eine plausible, naturwissenschaftlich tragbare, nicht mit philosophisch-theologischen Ideen und Argumenten operierende Erklärung für die

Abb. 12.2 Taubenrassen aus Darwins Werk *The Variation of Animals and Plants under Domestication* (1868). Die Kupferstiche wurden im Auftrag Darwins angefertigt. © erloschen, Download der Bilder über Darwin-online.org.uk

Entstehung neuer Arten. Die Gründe der Artbildung sind, kurz zusammengefasst:

1. Lebewesen produzieren in aller Regel weit mehr Nachkommen, als zum rein numerischen Erhalt der Art nötig wären.
2. Die Nachkommen sind untereinander nicht gleich; es gibt individuelle, erbliche Variationen.
3. Die Natur selektioniert solche Nachkommen, die momentan und am jeweiligen Ort die besten Chancen haben, zu gedeihen und sich fortzupflanzen. Dabei können sich bestimmte Eigenschaften als vorteilhaft erweisen und sich im Laufe von Generationsfolgen verstärken, während unvorteilhafte nach und nach weniger werden und gar verschwinden. Beleg für die Wirksamkeit dieses Prinzips ist die erfolgreiche Selektion des Züchters. Darwin war selbst Taubenzüchter und konnte somit auf eigene Erfahrungen zurückgreifen und als Argument verweisen (Abb. 12.2).

Dabei sind drei Selektionsmomente von Belang:

- Änderung der Umweltgegebenheiten; z. B. das Verschlagenwerden auf eine Insel, Invasion in andere Klimazonen.
- Innerartliche Konkurrenz, die auch unter konstanten äußeren Bedingungen eine Optimierung bestimmter Eigenschaften fördert.
- Sexuelle Konkurrenz, die auch Merkmale fördern kann, die das Bestehen von Umweltgefahren erschweren. Im Unterricht oft genannte Beispiele sind die Geweihe männlicher Hirsche und die überlangen Federn des männlichen Pfaues und der männlichen Paradiesvögel. Beim Menschen gewinnt das Schönheitsideal besondere Bedeutung.

Darwin 1869

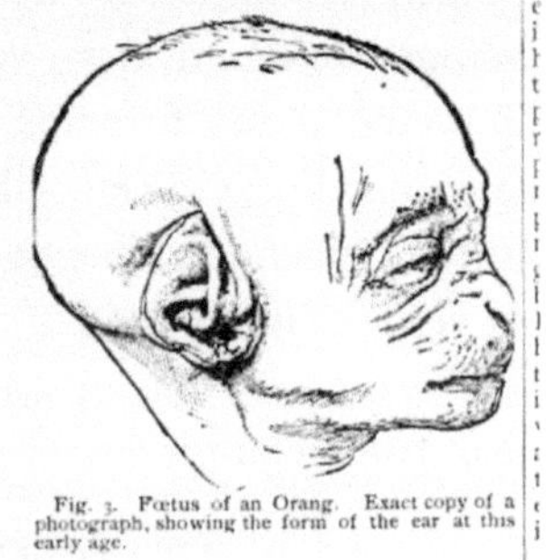

fötaler Orang

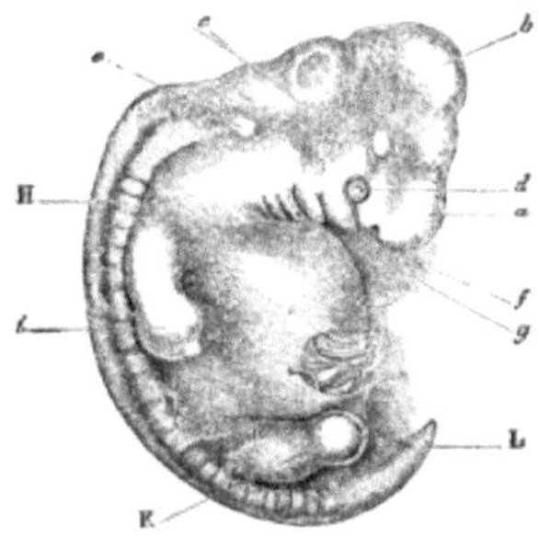

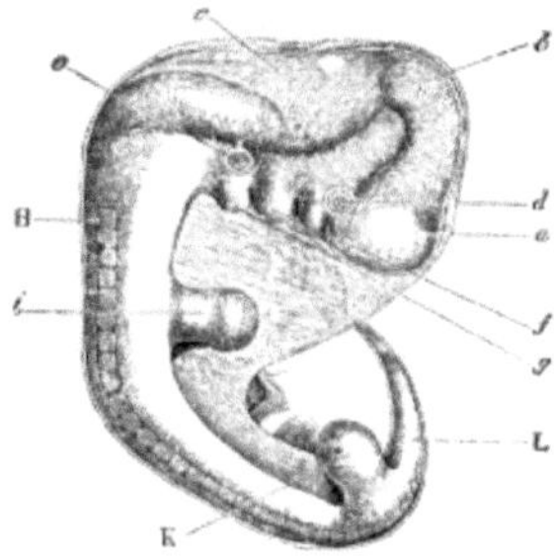

Embryonen von Mensch (oben) und Hund (unten)

Aus Darwin 1871 *The Descent of Man*

Abb. 12.3 Bilder aus Darwins Werk *The Descent of Man, and Selection in Relation to Sex* (1871), © erloschen, Download der Bilder über Darwin-online.org.uk. Darwin griff auch Argumente auf, die sich aus der neu im Entstehen begriffenen Embryologie ergaben

Schließlich trug Darwin Argumente vor, die es ihm damals schon, bevor die fossilen Hominiden in Afrika und anderen Regionen der Welt gefunden worden waren, ermöglichten, auch den Menschen als Ergebnis einer Evolutionsreihe zu deuten. Außer der vergleichenden Anatomie trug auch die vergleichende Embryologie Karl Ernst von Baers Argumente dazu bei (Abb. 12.3).

12.2 Vorbehalt Darwins gegen die „Metamorphose"-Auffassung der „Naturalisten"

Darwin kannte die Goethe-Oken'sche Wirbeltheorie des Schädels. Mir begegnet in diesem Kontext eine vermeintlich ablehnende Äußerung Darwins: „*Naturalists frequently speak of the skull as formed of metamorphosed vertebrae … On my view these terms may be used literally.*" (Deutsch etwa: „Naturforscher sprechen oft vom Schädel als von umgewandelten Wirbeln … In meiner Sicht mögen solche Begriffe dem Buchstaben nach benutzt werden.")

Anscheinend war auch Darwin der Meinung, bei Goethe sei nicht von einem historischen Prozess die Rede. Doch wenn man den ganzen Abschnitt liest, wird klarer, was Darwin meinte. Er betonte, dass Strukturen nicht durch Umwandlung (Metamorphose) fertiger Strukturen zu anderen Strukturen werden, sondern Strukturumwandlungen sich dadurch vollziehen, dass eine ursprünglich einheitliche Struktur sich in getrennten Generationsfolgen unterschiedlich weiter differenziert.

„*Naturalists frequently speak of the skull as formed of metamorphosed vertebrae, the jaws of crabs as metamorphosed legs; the stamens and pistils of flowers as metamorphosed leaves; but it would in these cases probably be more correct, as Professor Huxley has remarked, to speak of both skull and vertebrae, both jaws and legs, &c., as having been metamorphosed, not one from the other, but from some common element*" (aus Darwin, *On the Origin of Species*, Kap. 13, http://darwin-online.org.uk). (Deutsch etwa: „Naturforscher sprechen oft vom Schädel als umgestalteten Wirbeln, von den Kiefern der Krebse als umgestalteten Beinen, den Staubgefäßen und Stempeln als umgestalteten Blättern, aber es wäre in diesen Fällen korrekter, wie Professor Huxley bemerkte, von beiden, Schädel und Wirbel, von beiden, Kiefern und Beinen, nicht als von voneinander umgestaltet zu sprechen, sondern von einem gemeinsamen Element [abgeleitet].")

12.3 Darwin und das Prinzip der Kooperation

Was bis in die heutigen Tage verkannt oder allzu selten erwähnt wird, ist, dass auch Darwin schon das Prinzip der Kooperation kannte. Zwei Zitate belegen dies:

„*Important as the struggle for existence has been and even still is, yet as far as the highest part of our nature is concerned there are other agencies more important. For the moral qualities are advanced either directly or indirectly much more through the efforts of habit, by our reasoning powers, by instruction, by religion, etc., than through natural selection.*"

(Deutsch etwa: „So wichtig wie der Kampf um die Existenz war und noch ist, soweit es den höchsten Teil unserer Natur betrifft sind jedoch andere Wirkmechanismen bedeutsamer. Die moralischen Qualitäten werden, direkt oder indirekt, mehr durch Bemühungen der Verhaltensweise vorangebracht, durch unsere Fähigkeit zu denken, durch Instruktionen, Religion etc. als durch natürliche Selektion.“)

„*It must not be forgotten that although a high standard of morality gives but slight or no advantage to each individual man and his children over other men of the tribe, yet that an increase in the number of well-endowed men and an advancement in the standard of morality will certainly give an immense advantage to one tribe over another. A tribe including many members who, from possessing in a high degree the spirit of patriotism, fidelity, obedience, courage, and sympathy, were always ready to aid one another, and to sacrifice themselves for the common good, would be victorious over most other tribes; and this would be natural selection.*“ (Deutsch etwa: „Es darf nicht vergessen werden, dass, obzwar ein hoher moralischer Standard nur geringen oder gar keinen Vorteil für den einzelnen Menschen und seinen Kindern gegenüber Menschen einer anderen Sippe bringt, doch ein Anstieg in der Zahl begabter (wohl-ausgestatteter) Menschen und ein Fortschritt im moralischen Standard gewiss einer Sippe einen immensen Vorteil gegenüber anderen verleihen wird. Eine Sippe, die viele Mitglieder hat, die sich durch den Besitz eines hohen Grades an Patriotismus, Redlichkeit, Gehorsam, Mut und Mitgefühl auszeichnen und daher immer bereit sind, einander zu helfen und sich für das gemeinsame Gut zu opfern, wäre über die meisten anderen Sippen siegreich, und das wäre natürliche Selektion.")

Die Originalzitate stammen aus Darwin, *The Descent of Man*, 1984. In diesem Werk erscheint das Wort *competition* zwölf Mal, die Begriffe *cooperation* oder *mutual aid* erscheinen 27 Mal. Weiteres hierzu findet sich auch bei Pennisi (2009) sowie Sigmund und Hilbe (2011), die sich mit Kooperation als Moment der Überlebensstrategie befassen.

Es gibt zahlreiche Bücher (z. B. Bauer 2008) und Internetbeiträge, die das Prinzip der Kooperation als ein wesentlich neues und anti-darwinistisches Prinzip darstellen – zu Unrecht. Für die Bewertung von Darwins Auffassungen ist jedoch wichtig, dass es zu seiner Zeit noch keine Genetik gab und noch keine Kenntnis von Chromosomen; folglich war die materielle Basis der vererbbaren individuellen Unterschiede gänzlich unbekannt. In seinen Hauptwerken *On the Origin of Species* und *The Descent of Man* ließ Darwin diese Frage offen. Gewiss war es Darwin als erfolgreichem Taubenzüchter bekannt, dass neue Varietäten augenscheinlich unvorhersehbar auftreten, dem Darwinismus in seiner ursprünglichen Form eine tragende Rolle des blinden Zufalls zuzuschreiben, geht jedoch über Darwin hinaus; die kritischen Argumente zielen auf den Neodarwinismus (s. Kap. 14). Gene, Mutationen, jede Art von Mechanismen, die zu Veränderungen der genetischen Information führen, von Retroviren und Transposons bis zur Epigenetik, dürfen nicht in die Diskussion gebracht werden, wenn es um den Original-Darwinismus geht.

12.4 Entstehen heute noch neue Arten?

Ein weiterer, nicht in der Wissenschaft selbst, wohl aber in Internetportalen und populärwissenschaftlichen Schriften vorgetragener Einwand gegen die Evolutionstheorie ist die Meinung oder Behauptung, es gäbe keine konkreten Beweise für die Entstehung neuer Arten; denn in freier Natur sei Artbildung nicht zu beobachten. Abgesehen davon, dass solche Prozesse nun mal viele Generationsfolgen über lange Zeiträume benötigen, gibt es mehrere Beispiele für die Entstehung neuer Arten auch in historischer Zeit. Abbildung 12.4 stellt zwei Beispiele vor. Darüber hinaus entstehen im Labor der Forscher ständig neue Arten, jedenfalls neue Arten von Mikroorganismen; denn in deren Erbgut ist leichter einzugreifen, und ihre Generationszeit bemisst sich in Minuten (s. Abschn. 15.1).

a *Brassica oleracea* x *Brassica rapa* = *Brassica napus* = Raps

b 5 neue Mausarten auf Madeira seit ca. 1420

Abb. 12.4 In historischer Zeit neu entstandene Arten. **a** Der Raps (*Brassica napus*) entstand vor über 2000 Jahren aus der seltenen Hybridisierung zweier Arten (*Brassica oleracea* = Wildkohl und *Brassica rapa* = Rübsamen), mutmaßlich gefördert durch den selektionierenden Einfluss des Menschen. **b** Die fünf neuen Mausarten auf Madeira entstanden in verschiedenen Tälern der gebirgigen Insel durch spontane Chromosomenmutationen. Der Mensch hatte nur insofern Einfluss, als ab der Entdeckung Madeiras im Jahr 1419 seine Schiffe ungewollt die europäische Hausmaus auf die Insel einschleppten, die zur Stamm-Maus der verschiedenen neuen Mausarten wurde

13 Zur Vereinnahmung Goethes in der „Ganzheitslehre" der Nach-Darwin-Ära

Keine Revolution wird augenblicklich überall wirksam und jede löst Gegenbewegungen aus. Es soll hier nicht eingegangen werden auf sozial-politische Ausdeutungen der Evolutionsbiologie (Sozialdarwinismus), nicht auf religiös begründete, nicht-wissenschaftliche Deutungen der biologischen Evolution oder gar auf radikal fundamentalistische Gegenpositionen wie den Kreationismus. Andere nicht-wissenschaftliche Deutungen wie anthroposophische und esoterische Weltbilder sollen nur am Rande erwähnt werden, insoweit, als sie mutmaßlich Einfluss nahmen auf die Art und Weise, wie Goethe und Darwin in biologischen Institutionen an Universitäten und Schulen aufgenommen und ausgedeutet wurden und möglicherweise im Unterricht der Schulen, insbesondere der Waldorfschulen (Kap. 13), heute noch vorgestellt und gedeutet werden.

In der deutschsprachigen Gelehrtenwelt, vor allem bei Historikern und Naturphilosophen, wurde und wird, wie schon gesagt, mehrheitlich die Auffassung vertreten, Goethes Bild eines Urtypus dürfe nicht historisch verstanden werden. Die einleitend aufgeführten Zitate belegen dies.

Darüber hinaus ist diese Auffassung verknüpft mit Vorbehalten gegen den Darwinismus selbst. Warum? Hier einige Anmerkungen zur „idealistisch“ und „ganzheitlich“ (holistisch) geprägten Lehre der Biologie an Universitäten in der nahen Vergangenheit und mancherorts möglicherweise auch im gegenwärtigen Unterricht.

13.1 „Idealistische Morphologie" und die Ganzheitslehre

Neben der internationalen Schulbiologie, die sich mehr und mehr der darwinistischen Interpretation der Evolution anschloss und sie als Neodarwinismus (= synthetische Theorie) weiterentwickelte, hielt sich im deutschen Sprachraum bis ca. 1950 eine „idealistische“ Morphologie, die sich auf Goethe berief und den Begriff des Archetypus nicht als stammesgeschichtliche Ausgangsform interpretierte, sondern wie mit Worten eines ihrer Vertreter gesagt: „Der Typus ist für uns bloß gedachte Form; die Idee eines Naturwesens; im Kreis religiöser Vorstellungen würde man mit Agassiz von ‚Schöpfergedanken Gottes‘ sprechen“ (der Schweizer Zoologe Adolf Naef, zitiert aus Zimmermann 1953, S. 482). Und wer sucht, wird in Goethes umfangreichen Schriften auch Textstellen finden, die sich in diesem Sinn deuten lassen (siehe hierzu Abschn. 6.3).

In der idealistischen Morphologie neueren Datums wird der genetischen Information ein geistiges Prinzip übergeordnet, das diese Information erzeugt und lenkt, dessen Herkunft jedoch verschieden interpretiert wird, oftmals in der Tradition des Aristoteles und des Vitalismus als eine immaterielle Eigengesetzlichkeit des Lebens. Die Evolution sei entsprechend Ausdruck einer immateriellen Eigengesetzlichkeit des Lebens.

Es seien hier nur zwei Persönlichkeiten erwähnt, die noch nach dem Zweiten Weltkrieg an Universitäten lehrten und ihre Anhänger fanden, der Botaniker Wilhelm Troll aus Mainz und der Zoologe Adolf Portmann aus Basel. Beide haben unstreitig ihre Verdienste. Wir konzentrieren uns hier beispielhaft auf Portmann.

Adolf Portmann (1897–1982) hatte sich als begnadeter Lehrer und durch seinen unermüdlichen Hinweis, der Mensch sei als extremer Nesthocker lange Zeit auf elterliche Fürsorge und Geborgenheit angewiesen, bei vielen Zuhörern hohes Ansehen erworben. Als Morphologe hatte er marine Schnecken zu seinem Spezialgebiet gewählt. Mehr und mehr glaubte er, manche Eigenschaften von Lebewesen, wie die im lebenden Zustand unsichtbaren Musterungen mariner Schneckenschalen, seien Ausdruck einer „Selbstdarstellung“ und ihrer „Innerlichkeit“; sie seien „Ausdruck einer inneren Wesenheit des Organismus“ (Portmann 2006), die sich dem darwinschen Prinzip der natürlichen Selektion entzögen.

Zur Bildung dieser Muster in der Interpretation der heutigen Schulbiologie ist zu sagen: Solche Muster können Ausdruck periodischer Wachstumsprozesse sein; denn Molluskenschalen wachsen nicht kontinuierlich. Sie wachsen am Schalenrand, wobei es in bestimmten Phasen eines Wachstumsschubs zur Ablagerung von Pigmenten kommt. Diese Pigmente sind stickstoffhaltige Abfallprodukte des Stoffwechsels. Die Muster werden als Protokoll ihrer zeitlichen Bildung aufgefasst, und da sie kaum eine Bedeutung im Leben der Tiere haben, unterliegen sie nicht der stabilisierenden darwinschen Selektion und können sehr variantenreich sein (Meinhardt 1997). Oder sie sind indirekter Ausdruck periodisch wechselnder Umweltgegebenheiten wie Nahrungsangebot oder Temperatur, die sich wiederum in periodischen Wachstumsprozessen widerspiegeln. Auch der mit der Fortpflanzung korrelierte, periodisch sich ändernde innere Hormonstatus kommt als Einflussgröße in Betracht.

In jungen Jahren war den Vertretern der „idealistischen" Morphologie durchaus bewusst, und sie schrieben dies auch, dass Goethes Urbilder (Archetypen) Baupläne darstellen, zu deren Existenz und historischer Entstehung die Evolutionstheorie Darwins und seiner Vorläufer eine natürliche Erklärung nachlieferte. Jedoch wird der materialistischen Weltsicht ein „sekundäres Weltbild" (Portmann) entgegengestellt. Der Natur wird eine schöpferische Rolle zugeschrieben, und in dieser Hinsicht konnten die Vertreter dieser Denkrichtung zu Recht auf Goethe als ihr Vorbild verweisen. Gegen den Neodarwinismus wird vorgetragen, Organismen seien nicht aus den Genen heraus zu verstehen, sondern müssten als Ganzheiten betrachtet werden; rein naturwissenschaftliche Forschung, Genetik und die Anwendung molekularbiologischer Methoden wurden mit zunehmendem Unbehagen betrachtet und als kaltherzig, mechanistisch-materialistisch empfunden.

Menschlich verständlich wird die Distanzierung von der aufkommenden genetisch-molekularbiologischen Forschung, wenn man sich damalige Grenzüberschreitungen vor Augen hält. 1962 fand in London das berühmt-berüchtigte CIBA-Symposium mit dem Titel

„Der Mensch und seine Zukunft“ statt. Thema war die genetische Manipulation und Verbesserung des Menschen. Die damals bekanntesten Genetiker – unter ihnen einige Nobelpreisträger – entwarfen dort ihre kühnen Visionen zur Planung des Menschen: Menschen sollten intelligenter, älter werden, weniger Schlaf benötigen, größere Gehirne haben. Portmann war schockiert.

Im Alter jedoch wandten sich die genannten Vertreter der „idealistischen“ Morphologie mehr und mehr mystischem und esoterischem Gedankengut zu und folgten damit Rudolf Steiner, dem Begründer der Anthroposophie.

13.2 Anthroposophie und die seltsame Evolutionslehre ihres Gründers

Es gibt kaum eine Institution, die sich häufiger auf Goethe bezieht, als die 1923 von Rudolf Steiner gegründete Anthroposophische Gesellschaft. Ihre Zentrale in Dornach bei Basel nennt sich denn auch Goetheaneum. Rudolf Steiner spielte in der Rezeption Goethes und Darwins eine zwiespältige Rolle. Als erster Herausgeber der naturwissenschaftlichen Schriften Goethes (1882 bis 1897) betonte er zu Recht, Urpflanze und Urtier seien nicht als Stammformen im Sinne der Abstammungslehre (Deszendenztheorie) zu betrachten, sah aber auch, dass Goethe an Umwandlungen über lange Zeiträume hinweg glaubte. Der junge Steiner war durchaus Anhänger der Evolutionstheorie und bekannte sich in seinem Lob für Ernst Haeckel, dem glühenden Verehrer Darwins, anfänglich auch zu Darwins Auffassungen. So trifft man im Frühwerk Steiners wiederholt auf Stellen, wo er dem Darwinismus zustimmt. Spuren dieser Zustimmung gibt es noch in seinem Werk *Die Philosophie der Freiheit,* dessen Kapitel über die moralische Fantasie den Untertitel *Darwinismus und Sittlichkeit* trägt. Später vermischte Steiner in seinen anthroposophischen, esoterischen und spiritistischen Schriften seine neue Vision einer kosmischen Evolution mehr und mehr mit skurrilen und wirren Äußerungen. Steiners Kosmologie sei mit einem Halbsatz angedeutet: „… jene Entwickelung unseres ganzen Weltsystems, die wir da bezeichnen als die Verkörperungen unseres Planeten selber durch das Saturndasein, durch das Sonnendasein, das Mondendasein, bis herauf zum gegenwärtigen Erdendasein" (aus Steiner, *Die Evolution vom Gesichtspunkte des Wahrhaftigen*, 1911). Die Entwicklung der Menschheit beginnt in der Zeit des „Alten Saturn", auf dem der physische Leib des Menschen erschaffen wurde, und setzte sich auf der „Alten Sonne" und dem „Alten Mond" mit der Erschaffung des Ätherleibes und des Astralleibes fort.

In einer Diskussion mit Lehrern der Waldorfschule Stuttgart – es ging um erdgeschichtliche Zyklen – entwickelte sich folgende Diskussion:

„Steiner: ‚Im Tertiär haben wir die älteren Amphibien und Reptilien; der Mensch war zu jener Zeit schleimförmig in seinem Äußeren. Die Menschen hatten eine Amphibienähnliche Gestalt.'

Lehrer: ‚Aber sie waren immer noch Feuer-Atmer?'

Steiner: ‚Ja, jene Tiere atmeten Feuer, *Archaeopterix* zum Beispiel' " (aus: *Faculty Meetings with Rudolf Steiner*, Anthroposophic Press 1998, S. 26; aus dem Englischen übersetzt, da deutsche Ausgabe *Konferenzen Rudolf Steiners mit den Lehrern der freien Waldorfschule in Stuttgart 1919–1924* nicht verfügbar).

Was die anthroposophische Weltsicht mit der idealistischen Morphologie verbindet, ist die Abneigung gegen die so empfundene kalte, herzlose, technisierte Post-Goethe-Naturwissenschaft und die Hinwendung zu einer „ganzheitlichen" Weltsicht. Ein Zitat, den derzeit empfohlenen Unterricht an Waldorfschulen betreffend, ist in Abschn. 14.2 aufgeführt.

14 Heute in der Diskussion: Neolamarckismus, intelligentes Design

14.1 Wiederaufleben des Lamarckismus in der modernen Epigenetik?

Neuerdings ging und geht das Gerücht durch die Weltpresse, der Lamarckismus erlebe eine Renaissance dank neuer Befunde der molekularen Genetik. Was ist daran?

Im Zuge der Entwicklung eines Individuums erhalten die Körperzellen unterschiedliche Aufgaben zugewiesen; sie werden programmiert, künftig beispielsweise zu Muskelzellen oder Nervenzellen zu werden. Dieses Programmieren beinhaltet eine chemische Veränderung der DNA und der sie begleitenden Proteine (Stichworte für Biologen sind beispielsweise Methylierung, Acetylierung, Phosphorylierung, RNAi-vermittelte Mechanismen) und bedingt, dass zelltypspezifisch manche Gene stillgelegt werden, andere zugänglich bleiben. Bei Zellteilungen wird dieses Programm in im Einzelnen noch nicht bekannter Weise kopiert und beiden Tochterzellen zugeteilt. Bei der Produktion von Keimzellen sollte das Programm gelöscht werden; denn schließlich müssen in der nächsten Generation wieder alle Gene zugänglich sein. Es hat sich aber nun herausgestellt, dass dieser Löschvorgang nicht immer vollständig ist. Dies hat zur Folge, dass manchmal in der nächsten Generation eher das väterliche oder das mütterliche Gen (Allel) bevorzugt zur Geltung kommt, generell manche Genvarianten (Allele) unterdrückt werden (Weiteres zu diesem Thema in Müller und Hassel 2012). Solche Effekte können bis über drei Generationen bemerkbar bleiben.

Große Aufmerksamkeit haben Berichte erregt, wonach Qualität und Quantität der Nahrung sowie Stresszustände den Aktivitätsgrad bestimmter Gene steuern, insbesondere in der Schwangerschaft und den ersten Lebenswochen. Untersucht wurde und wird vor allem die Rolle der Überernährung bei Schwangeren an Agouti-Mäusen. Übergewicht schon als Fötus und bei der Geburt führe zu einer lebenslangen Verdoppelung des Risikos, im späteren Leben übergewichtig zu werden und an begleitenden Krankheiten wie Diabetes zu leiden (Cooney 2006, Cropley & Suter 2011). Statistische Erhebungen über die Häufigkeit von einschlägigen Symptomen zu Zeiten von Hunger und Zeiten des Überflusses scheinen dies für den Menschen zu bestätigen. Es mehren sich Studien, die rein statistische Korrelationen für Belege von Umwelteinflüssen auf Genaktivitäten angeben (Simmons 2011). Es gibt bislang jedoch noch keinen Beweis dafür, dass daraus eine stabile, dauerhafte Veränderung der genetischen Information resultieren kann, und schon gar nicht, dass damit eine planmäßige, zukunftsgerechte Veränderung möglich wird, wie viele Gegner der neodarwinistischen Evolutionstheorie erhoffen.

14.2 „Intelligent Design": Gott, Weltseele oder die Lebewesen selbst als planende Gestalter der Evolution?

Regelmäßig kommen Bücher und Abhandlungen auf den Markt, die behaupten, der Darwinismus sei widerlegt (z. B. Bauer 2008). Bei der Lektüre solcher Werke wird schnell klar, dass gar nicht die Auffassungen Darwins infrage gestellt werden – seine Werke sind im Original nicht bekannt und es werden ihm Aussagen unterstellt, die er nie gemacht hat und angesichts der noch nicht vorhandenen Erkenntnisse der Genetik gar nicht machen konnte –, sondern die Lehrmeinung des nach ihm entwickelten Neodarwinismus, auch synthetische Evolutionstheorie genannt. Diese bezieht die klassische und molekulare Genetik mit ein. Angriffspunkt ist der Umstand, dass die gegenwärtige Genetik und Evolutionsbiologie keine Mechanismen kennen, die es den Organismen ermöglichten, gezielt und vorausplanend die genetische Information zu verändern. Zwar sind die bekannten Prozesse, oft vereinfachend mit den Begriffen Mutation und Rekombination zusammengefasst, insofern nicht zufällig, als sie durch biochemisch-physikalische Vorgänge ausgelöst und verursacht werden, sie sind jedoch nicht auf bestimmte erwünschte Merkmale oder Anpassungen ausgerichtet, sie sind zukunftsblind, in ihren Auswirkungen nicht vorhersehbar und insoweit opportunistisch, als die Lebewesen hinsichtlich der Veränderungen ihrer genetischen Information auf gut Glück angewiesen sind.

Planvolle Veränderung der genetischen Information setzt eine planende Instanz voraus, die Vorhersagen über die Zukunft machen kann. Diese geforderte Instanz sei zum „Intelligent Design" fähig. Wie diese Instanz benannt und gesehen wird, hängt vom kulturellen Hintergrund und von der frühkindlichen Prägung der Vertreter dieser Auffassung ab: Ist es ein persönlicher Gott, eine der Natur immanente Weltseele, oder sind es die Lebewesen selbst, die unbewusst als Supercomputer agierten und die genetische Information gezielt zu ändern in der Lage seien. Gegenwärtig ist es die Epigenetik, der von biochemisch orientierten Anti-Darwinisten eine Funktion bei der gerichteten Veränderung der genetischen Information zugemutet wird (siehe Abschn. 14.1). Vielen Menschen, die an eine planvoll sich entwickelnde Welt glauben, genügt dies nicht; denn Umwelteinflüsse als solche sind nicht a priori planend. Umwelteinflüsse können nicht vorausplanend einen denkenden und fühlenden Menschen erschaffen. Hier werden andere Instanzen gefordert. Dieses Unbehagen an der heutigen naturwissenschaftlichen Biologie und das Postulat eines intelligenten Plans haben Auswirkungen auch auf den Schulunterricht, insbesondere an Privat- und Waldorfschulen. Verdeutlicht sei dies anhand eines Zitats von 2014:

„Die Waldorfpädagogik ist angetreten, Wissenschaft, Kunst und Religion zu einer höheren Synthese zu führen. Es ist der Ruf danach, die Ganzheitlichkeit unserer Welt wahrzunehmen, zu erkennen. In dieser holistischen Betrachtung liegt in der Tat eine evolutionäre Herausforderung. … Hier also: die Theorie des Intelligent Designs. Intelligent Design stellt mitnichten die Evolution als Entwicklungsabfolge in Frage. Sie bestreitet aber ihre sinnlos materialistische Erklärung, die Ursache: Zufall plus Auslese! … Das Dilemma liegt nun auf der Hand: Als Unterrichtender, der ganzheitlich denkt, sieht man in dem ausschließlichen ND-Kontext [ND für Neo-Darwinismus] eine nicht vollständige Sichtweise, die es zu korrigieren und zu erweitern gilt" (sus: Waldorf-Ideen-Pool: Holger Baumann, *10. Evolution – Theorie und Fach*, 2014).

Eine Diskussion hierüber führte weit über das im Titel genannte Thema dieser Schrift hinaus.

15 Eine neue R-EVOLUTION: Der Mensch als planender Gestalter der genetischen Information; wird er auch Schöpfer neuen Lebens?

15.1 Die gezielte Veränderung der genetischen Information bei Mikroorganismen, Pflanzen und Tieren ist längst in vollem Gang

In den Regalen der im Labor forschenden Wissenschaftler wie im Online-Angebot gibt es dicke Kataloge der chemisch-pharmazeutischen Industrie, die Biochemikalien zum Gebrauch im Labor anbieten. Soweit es sich um organische Substanzen, vor allem um Proteine handelt, steht hinter dem Namen des Produkts heutzutage fast immer der Vermerk *rec*, und *rec* steht für rekombinant. Der Wissenschaftler weiß: Dieses Produkt ist gentechnisch hergestellt mithilfe „transgener", das heißt mit fremden Genen ausgestatteten, Mikroorganismen oder mithilfe transgener pflanzlicher oder tierischer Zellen. Diese Produzenten werden in

Bioreaktoren gezüchtet. In manchen Fällen sind die Produzenten transgene Tiere (wie etwa Ziegen), besonders, wenn es sich um komplizierte Proteine wie Hormone und Antikörper handelt. Es gibt seit Jahren in den Laboratorien der Welt weit mehr gentechnisch veränderte Lebewesen, als der Nichtfachmann ahnt. Auch wenn die große Mehrzahl dieser Organismen nie die Räume der betreffenden Forschungsinstitute verlässt, greift der Wissenschaftler mit der Herstellung transgener Organismen in die Evolution ein: Er wird zur planenden Instanz. Und die „grüne Gentechnik" zeigt, dass in Asien und Amerika das Freiland zunehmend häufiger mit Organismen bestückt wird, deren genetische Information gezielt verändert und ergänzt worden ist.

Auf die in der Bevölkerung, vor allem Zentraleuropas, von verschiedenen Verbänden sehr erfolgreich verbreiteten Ängste kann in dieser Schrift nicht eingegangen werden. Es ist und bleibt Tatsache: Der Mensch verändert mit seinen neuen biotechnologischen Verfahren mehr und mehr gezielt die genetische Information von Organismen seiner Wahl und greift damit in deren Evolution ein, wie er es seit 10.000 Jahren mit geringerer Effizienz bei der Züchtung neuer Sorten für seinen Gebrauch schon tat.

15.2 Urzeugung – heute noch auf der Erde?

Während der ganzen Geschichtsperiode, die hier im gerafften Überblick skizziert worden ist, von Aristoteles bis Darwin, herrschte noch der Glaube an Urzeugung, doch mehr und mehr entwickelte sich dieser Glaube zur Frage: Gibt es die Bedingungen, unter denen Leben entsteht, auch heute noch, oder waren solche Bedingungen nur in einer früheren Epoche der Erdgeschichte gegeben? Schon zur Zeit Goethes wurde diskutiert, ob es Bedingungen, unter denen das postulierte Ur-Tier entstand, möglicherweise nur einmal gab, wie es der mit Goethe befreundete Bonner Anatom d'Alton meinte (siehe Abschn. 8.4).

Darwin selbst, offensichtlich nicht mehr von anhaltender Urzeugung überzeugt, lieferte keine Hypothese, wie Leben einstmals entstehen konnte. Ihm wird andererseits eine Erklärung in den Mund gelegt, warum wir gegenwärtig keine Urzeugung miterleben: „Es wird oft behauptet, alle Bedingungen, die jemals geherrscht haben könnten, seien auch jetzt noch erfüllt. Wenn wir uns aber (und oh, was für ein ungeheures Wenn) vorstellen könnten, daß sich in einem warmen, kleinen Tümpel, in dem alle Arten von Ammonium- und Phosphorsalzen, Licht, Wärme, Elektrizität usw. vorhanden waren, ein Eiweißstoff auf chemischen Wege gebildet haben könnte, der zu weiteren komplizierten Umwandlungen fähig gewesen wäre, so würde doch heutzutage ein solcher Stoff augenblicklich gefressen werden oder andersweitig absorbiert, was vor der Entstehung lebender Wesen nicht der Fall gewesen wäre" (ohne Quellenangabe zitiert in Folsome, *The Origin of Life. A warm Little Pond* 1979, sowie in Vollmer, 2010, S. 74).

Wie ist die Situation heute? Erstmals haben 1953 Urey und Miller die Entstehung einfacher Biomoleküle in einer künstlichen Uratmosphäre simuliert. Heute kennt man eine von lebenden Organismen unabhängige rein chemische Synthese einer größeren Anzahl wichtiger Biomoleküle auch unter natürlichen Bedingungen. Unter diesen Bio-

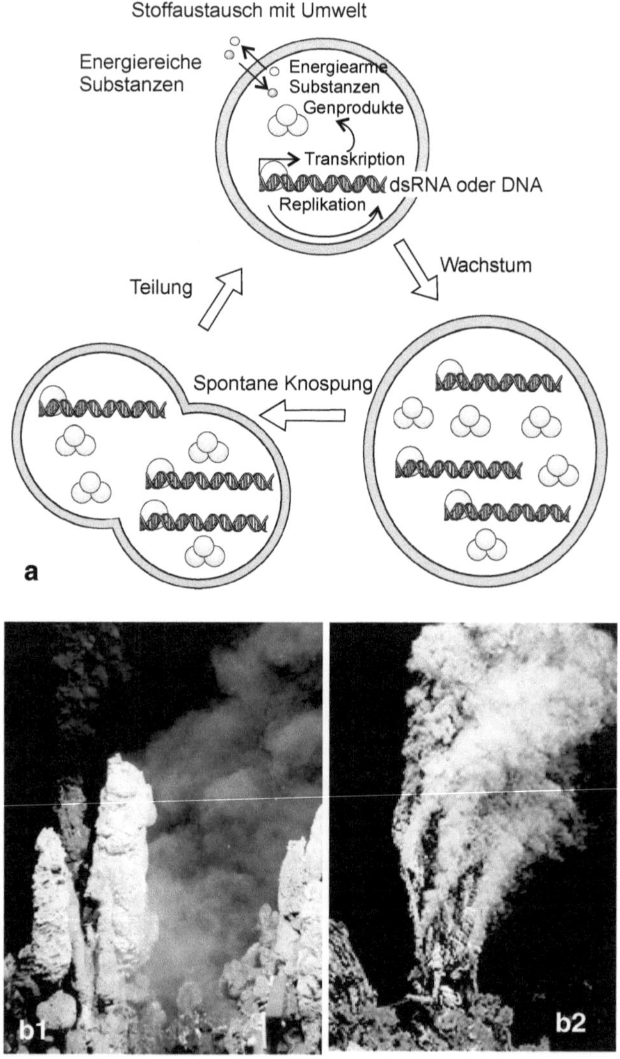

Abb. 15.1 Findet heute noch Urzeugung statt? **a** Protozelle nach Blain & Szostak 2014. Die hier eingezeichneten minimalen Komponenten stehen symbolisch für komplexere Prozesse, die durch wei-

molekülen befinden sich Aminosäuren, die Bausteine der Proteine, und Nucleotide, die Bausteine der molekularen genetischen Information. Unter den spontan entstehenden Molekülen gibt es auch Lipide, welche unter bestimmten Bedingungen im Wasser Bläschen nach Art von Zellmembranen bilden können, und es findet sich eine Reihe von Molekülen, die als Glieder von Energie speichernden und Energie freigebenden biochemischen Prozessketten infrage kommen (Sousa et al. 2013). Alle diese Moleküle entstehen auch heute noch ständig, beispielsweise in den mikroskopisch feinen, mit Eisensulfit ausgekleideten Poren der Schlote der hydrothermalen Quellen in den Tiefen der Ozeane (Abb. 15.1), vor allem derer, die als Weiße Raucher bekannt wurden (Baaske et al. 2007; Martin et al. 2008; Martin 2009). Neuerdings werden experimentell unterlegte Hypothesen vorgetragen, wie Bausteine des Lebens auf jedem mit Wasser und Eis bedeckten Himmelskörper entstehen könnten (Russel et al. 2014), und es existieren Hypothesen, wie aus all diesen Bausteinen nach und nach einfache Zellen entstehen könnten (z. B. Blain und Szostak 2014; Di Mauro et al. 2014). Es muss jedoch betont werden: entstehen könnten! Denn das Darwin zugesprochene Argument trifft ein reales Problem. Die auf Erden bekannten Orte, an denen organisches Material spontan entsteht, wie die hydrothermalen Schlote, sind dicht besiedelt von bereits existierenden Mikroorganismen, vor allem aus der Gruppe der Archaea, die alles Organische sogleich weg-

←

tere Komponenten ermöglicht werden. **b** Bilder von hydrothermalen Quellen (**b1** Weiße, **b2** Schwarze Raucher), an denen heute noch organische Moleküle entstehen können. Bilder: NOAA, US government public domain

fressen. Experimente müssen folglich ins Labor verlagert und unter absolut sterilen Bedingungen durchgeführt werden. Bis diese Laboratorien erste künstliche Lebewesen vorweisen, haben alle, die an einen einmaligen Schöpfungsakt glauben, eine Wissenslücke als willkommenes Argument, um ihre Weltsicht zu begründen.

15.3 Urzeugung im Labor?

Jährlich werden Berichte aus experimentell arbeitenden Laboratorien veröffentlicht, die von Teilsynthesen zellulärer Subsysteme und Protozellen berichten (z. B. Blain und Szostak 2014; Di Mauro et al. 2014). Einen ersten Einblick bietet Abb. 15.1a. Doch wenn es auch gelingen sollte (und es wird meines Erachtens in nicht allzu ferner Zukunft gelingen), Lebewesen künstlich zu erzeugen, ist die Frage offen, was der Urgrund unserer Existenz überhaupt ist.

16 Der Ursprung der Welt und unserer Existenz: Traditionelle Weltsichten leben weiter

16.1 Zum Ursprung unserer Existenz

In den letzten Jahren sind viele populärwissenschaftliche Publikationen erschienen, die herkömmlichen Weltsichten ihre Berechtigung absprechen; genannt sei beispielsweise *Der Gotteswahn* von Richard Dawkins (6. Aufl. 2007). So berechtigt Kritik an konkreten dogmatischen Aussagen diverser Konfessionen auch ist, die Grundfragen unserer Existenz beantworten solche Publikationen nicht. Andererseits haben auch traditionelle Philosophien und Religionen keine Antworten, die alle Menschen gleichermaßen überzeugten.

So bleibt es jedem Menschen unbenommen, im Sinne einer Metatheorie oder eines Metaglaubens anzunehmen, dass es dafür, dass es überhaupt ein Universum gibt, und wie es existiert und sich entwickelt, einen Urgrund gibt, der naturwissenschaftlich nicht erfassbar ist. Der Glaube, ein übernatürliches, göttliches Wesen sei die letzte Ursache, ist nicht widerlegbar, ob man sich dieses nun im Sinne Spinozas und Goethes als eine in der Welt selbst und durch die Welt existierende übersinnliche (transzendente) Wesenheit vorstellt oder als personale, innerweltliche göttliche Wesen (Götter, Geister), wie sie viele Religionen der Welt als gegeben annehmen, auch wenn sie naturwissenschaftlich nicht nachweisbar sind, oder im Sinne der jüdisch-christlich-islamischen Tradition als eine jenseitige göttliche Person, die selbst ewig ist, aber eine nur vorübergehend existierende materielle Welt erschaffen hat.

16.2 Leben bedeutet auch Wandel unserer Weltsicht

Kulturelle Auffassungen und Lehren sind hartnäckig; denn sie werden in aller Regel früh in der Kindheit fest eingeprägt. Auf lange Sicht gelten aber auch für diese Auffassungen augenscheinlich die Prinzipien der Evolution – nach Goethe hartnäckiges Beharren einerseits, Flexibilität zur Anpassung andererseits. Hierzu sei nochmals ein zentrales Zitat Goethes angeführt: „Das Wechselhafte der Pflanzengestalten, … erweckte nun bei mir immer mehr die Vorstellung: die uns umgebenden Pflanzenformen seien nicht ursprünglich determiniert und festgestellt, ihnen sei viel mehr, bei einer eigensinnigen, generischen [von der Herkunft bestimmten] und spezifischen Hartnäckigkeit, eine glückliche Mobilität und Biegsamkeit verliehen, um in so viele Bedingungen, die über dem Erdkreis auf sie einwirken, sich zu fügen und danach bilden und umbilden zu können“ (Goethe 1831).

Abschließend sei ein Text aus Goethes Nachlass (Sämtliche Werke, Frankfurter Ausgabe) aufgeführt. Die Zeilen sind möglicherweise von einem/einer Bekannten zusammengestellt, doch von Goethe selbst seinem Nachlass beigefügt und so gutgeheißen. Was in diesen Zeilen über die Natur gesagt wird, gilt wohl gleichermaßen für unsere Auffassung von Natur, für unsere Weltsicht allgemein:

> Die Natur schafft ewig neue Gestalten,
> was da ist, war noch nie,
> was war, kommt nicht wieder,
> alles ist neu und doch immer das alte.
> Es ist ein ewiges Leben, Werden und Bewegen in ihr.
> Sie verwandelt sich ewig und es ist kein Moment Stillestehen in ihr.
> Fürs Bleiben hat sie keinen Begriff, und
> ihren Fluch hat sie ans Stillestehen gehängt.

Zeittafel

384–322 v. Chr. Aristoteles: Urzeugung; Stufenleiter der Organismen, nicht evolutionär aufgefasst
1749 Leibniz: *Protogaea*: Fossilien sind ehemals lebende Tiere; Katzen haben gemeinsame Vorfahren; Stufenleiter der Natur: Evolution erwogen
1749–1788 Buffon: *Histoire naturelle générale et particulière*, 36 Bände: evolutionäre Stufenleiter
1749 Diderot: nur lebensfähige, ihrer Umgebung angepasste Formen bleiben bestehen
1754 Diderot: *L'interprétation de la nature*, darin Annahme einer Abstammung der vierfüßigen Tiere von einem Urtier
1784 Herder: Ideen zu einer Philosophie der Geschichte der Menschheit
1784 Goethe: Brief an Herder über den Fund des Zwischenkieferknochens
1784 Goethe: Aussage: „Vielmehr ist der Mensch aufs nächste mit den Tieren verwandt."
1786 Goethe: Handschrift mit Tafeln: *Über den Zwischenkiefer der Menschen und der Tiere*
1790 Goethe: *Versuch, die Metamorphose der Pflanzen zu erklären*, im Druck

1790 Kant: *Kritik der Urteilskraft*: echte Verwandtschaft der Arten und ihre Abwandlung in der Folge von Generationen erwogen
1795 Erasmus Darwin: gemeinsamer Ursprung aller warmblütigen Tiere aus einem „lebenden Filament" erwogen
1796–1820 Goethe: Der Mensch ist ein Säugetier
1806 Oken: Wirbeltheorie des Schädels
1809 Lamarck: *Philosophie zoologique*, erster Stammbaum der Tiere
1817 Goethe: „Das Wechselhafte der Pflanzengestalten … umbilden…" (Textzitat oben in Kap. 1) und Divergenz der Entwicklung Pflanzen-Tier: Baum und Mensch als höchste Vollendung beider Linien
1818 Geoffroy Saint-Hilaire: *Philosophie anatomique*: Alle tierischen Lebewesen sind miteinander verwandt
1820/1831 Goethe: Zwischenkieferknochen-Publikation in gedruckter Form: Dem Menschen wie den Thieren ist ein Zwischenknochen der obern Kinnlade zuzuschreiben. *Zur Morphologie*, Band I, Heft 2 (1820 Druck ohne Bildtafeln, 1831 Druck mit Tafeln)
1830 Pariser Akademiestreit
1851 Schopenhauer: Mensch direkt von Menschenaffen geboren
1859 Charles Darwin: *On the Origin of Species*: Abhandlung über den Ursprung der Arten
1868 Charles Darwin: *The Variation of Animals and Plants under Domestication*
1871 Charles Darwin: *The Descent of Man, and Selection in Relation to Sex*

Literatur: Referenzen und weiterführende Literatur

Zur Evolutionstheorie, Wissenschaftsgeschichte und zu Goethe

Adam KA (2011) Die Abstammung des Menschen. Schopenhauer als verkannter Wegbereiter Darwins. Greiner

Aristoteles (1956) Aristotelis De anima. Oxford University Press, Oxford (William David Ross, Hrsg)

Aristoteles (1959) Aristoteles: Über die Zeugung der Geschöpfe, übersetzt von Paul Gohlke, Paderborn (Aristoteles: Die Lehrschriften Bd 8,3)

Aristoteles (1995a) Aristoteles: Über die Seele. Meiner, Hamburg (ISBN 3-7873-1381-8) (griechischer Text nach der kritischen Ausgabe von Wilhelm Biehl und Otto Apelt mit Übersetzung und Kommentar)

Aristoteles (1995b) Aristotle: De anima. Generation of animals. In: Barnes J (Hrsg) The complete works of Aristotle, Aufl 6. Princeton University Press, Princeton (ISBN 0-691-09950-2)

Aristoteles (2007) Aristotle. On the generation of animals. Trans. Arthur Platt. eBooks@Adelaide http://etext.library.adelaide.edu.au/a/aristotle/generation/complete.html. Zugegriffen: 12. Juni 2008

Aristoteles (2011) Aristoteles: De Anima. Über die Seele. Reclam, Stuttgart (ISBN 978-3-15-018602-2) (Gernot Krapinger, Hrsg) (griechischer Text mit Übersetzung)

von Baer KE (1827) De ovi mammalium et hominis genesi. Voss, Leipzig

von Baer KE (1828, 1837) Über Entwickelungsgeschichte der Thiere, 2 Bd. Königsberg (die epochemachende Arbeit zur vergleichenden Embryologie) Nachdrucke Ulan Press 2012

von Baer KE (1864) Das allgemeinste Gesetz der Natur in aller Entwickelung. Ein Vortrag. Reden und kleinere Aufsätze Bd 1. St. Petersburg 1864 Nachdruck durch Ulan Press 2012

von Baer KE (1873) Zum Streit über den Darwinismus. Augsburger Allgemeine Zeitung 1873, Nr. 130, Beilage, S 1986–1988

von Baer KE (1876) Ueber Darwin's Lehre. Reden und kleinere Aufsätze, Bd 2. St. Petersburg, Nachdrucke Ulan Press 2012

Bauer J (2008) Das kooperative Gen. Abschied vom Darwinismus. Hoffmann und Campe, Hamburg

Bäumer-Schleinkofer Ä (1992) Die Geschichte der beobachtenden Embryologie: die Hühnchenentwicklung als Studienobject über zwei Jahrtausende Lang, Frankfurt/M.

Becker H-J (1999) Goethes Biologie. Die wissenschaftlichen und autobiographischen Texte, eingeleitet und kommentiert von Hans Joachim Becker. Königshausen & Neumann, Würzburg (online)

Blumenbach F (1776) De generis humani varietate nativa liber. Goettingae (1776; Deutsch: Über die natürlichen Verschiedenheiten im Menschengeschlechte, Breitkopf und Härtel, Leipzig 1798)

Breidbach O (2006) Goethes Metamorphosenlehre. Fink, München

Continenza B (2009) Darwin, Ein Leben für die Evolutionstheorie. Highlights 1/2009, Spektrum der Wissenschaft, Heidelberg

Darwin E (1794) Zoonomia; or the Laws of organic life. Projekt Gutenberg, online

Darwin C (1859) On the origin of species by means of natural selection, or the preservation of favoured races in the struggle for life. John Murray, London Online-Fassung)

Darwin C (1861–1872) On the Origin of Species, 3–6 Aufl

Darwin C (1868) The variation of animals and plants under domestication. John Murray, London (Online-Fassung)

Darwin C (1871) The descent of man, and selection in relation to sex. John Murray, London (Online-Fassung)

Darwin C (2008) Die Entstehung der Arten. Nikol, Hamburg

Darwin C. The Complete Works of Darwin. Online http://darwin-online.org.uk/

Dawkins R (2007) Der Gotteswahn, 6. Aufl. Ullstein, Berlin

Diderot D (1749) Brief über die Blinden zum Gebrauch für die Sehenden

Diderot D (1754) Pensées sur l'interprétation de la nature, Kindle Edition

Diderot D (1759) Lettres à Sophie Volland, Œuvres complètes de Diderot, Garnier 1775–1777, Deutsch: Briefe an Sophie Volland. Reclam, Leipzig 1986

Diderot D (1769, veröffentlicht posthum 1830) Le rêve de D'Alembert, Deutsch: D'Alemberts Traum. Philosophische Schriften, Suhrkamp, 2013 Suhrkamp-Verlag, Berlin

Dietrich AK (2011) Die Abstammung des Menschen. Schopenhauer als verkannter Wegbereiter Darwins. Greiner, Weinstadt

Eckermann JP (1830) Gespräche mit Goethe in den letzten Jahren seines Lebens. Brockhaus, Leipzig (digitalisiert und Volltext im Deutschen Textarchiv und im Projekt Gutenberg, Buchform: Deutscher Klassiker Verlag, Berlin 2011)

Geoffroy de St-H (1818) Philosophie anatomique, Paris, University of Michigan Library 2009

Geoffroy de St-H (1820–1842) Histoire naturelle des mammifères, Paris, University of Michigan Library 2009

Goethe JW (1786) Reise-Tagebuch. Tagebuch der Italienischen Reise für Frau von Stein. 2 Bände, Band 1: Faksimile der Handschrift von Goethe, und Band 2: Transkription von Wolfgang Albrecht, hrsg. von Konrad Scheurmann und Jochen Golz. ISBN 3-8053-2001-9

von Goethe JW (1786, 1820) Dem Menschen wie den Tieren ist ein Zwischenknochen in der oberen Kinnlade zuzuschreiben. Zeitschrift: Zur Naturwissenschaft überhaupt, besonders zur Morphologie, Jena; Online-Fassung

von Goethe JW (1790) Versuch die Metamorphose der Pflanzen zu erklären. Ettinger, Gotha (erneut 1817 in: Zur Morphologie, Online Fassung)

von Goethe JW (1795) Erster Entwurf einer allgemeinen Einleitung in die vergleichende Anatomie, ausgehend von der Osteologie, darin II Über einen aufzustellenden Typus zur Erleichterung der vergleichenden Anatomie. (Online-Fassung)

von Goethe JW (1811–1814) Aus meinem Leben. Dichtung und Wahrheit, 3 Bd. Cotta, Stuttgart (1811–1814. Online-Text nach der Hamburger Ausgabe bei zeno.org)

von Goethe JW (1817) Der Verfasser teilt die Geschichte seiner botanischen Studien mit. Zeitschrift: Zur Naturwissenschaft überhaupt, besonders zur Morphologie (Online-Fassung)

von Goethe JW (1817–1822) Zur Naturwissenschaft überhaupt, besonders zur Morphologie: Erfahrung, Betrachtung, Folgerung, durch Lebensereignisse verbunden. Cotta, Stuttgart

von Goethe JW (1820) Über einen aufzustellenden Typus zur Erleichterung der vergleichenden Anatomie; Einleitung in die vergleichende Anatomie, ausgehend von der Osteologie 1796: darin Vortrag II, gedruckt 1820 (Online-Fassung)

von Goethe JW (1889) Die Skelette der Nagetiere, abgebildet und verglichen von D'Alton. Goethes Naturwissenschaftliche Schriften I. dtv, München

von Goethe JW Die Schriften zur Naturwissenschaft. (Im Auftrage der Deutschen Akademie der Naturforscher Leopoldina begründet von K. Lothar Wolf und Wilhelm Troll.) Vollständige, mit

Erläuterungen versehene Ausgabe von Dorothea Kuhn, Wolf von Engelhardt und Irmgard Müller. Weimar 1947 ff., ISBN 3-7400-0024-4 (online)

von Goethe JW Goethes Werke, Hamburger Ausgabe in 14 Bänden, mit Kommentar und Registern, herausgegeben von Erich Trunz, C. H. Beck, München 1982–2008, ISBN 978-3-406-08495-9

von Goethe JW Goethes Werke, Weimarer Ausgabe (oder Sophienausgabe) in 143 Bänden. Hrsg. von Paul Raabe. Deutscher Taschenbuch Verlag, München ISBN 3-423-05911-7

von Goethe JW Naturwissenschaftliche Schriften, Zur Farbenlehre. Aus meinem Leben. Dichtung und Wahrheit, Sämtliche Werke, Hamburger Ausgabe 1982-2008, online

von Goethe JW Sämtliche Werke. Briefe, Tagebücher und Gespräche, Frankfurter Ausgabe in 40 Bänden, einschließlich der amtlichen Schriften und der Zeichnungen, mit Kommentar und Registern (die vollständigste aktuelle Gesamtausgabe der Werke Goethes), Deutscher Klassiker Verlag, Frankfurt a. M. 1985 ff., ISBN 3-618-60213-8

von Goethe JW, Eckermann JP, Soret FJ (2012) Gespräche mit Goethe in den letzten Jahren seines Lebens, Bd 1. Ulan Press (19. September 2012)

Grumach E, Flashar H (Hrsg). Aristoteles Werke in deutscher Übersetzung, Bd 19. Akademie Verlag, Berlin, 1956 ff.

Harvey W (1651) De generatione animalium (English translation by R. Willis in: Encyclopedia Brittanica, 1952)

Herder JG (1782–1788) Ideen zur Philosophie der Geschichte der Menschheit. Permalink. http://www.zeno.org/nid/20005051479 und http://goethe.odysseetheater.com, Zugriff 2014

Houben HH (1929) (Übers. u. Hrsg.): Frédéric Soret, Zehn Jahre bei Goethe. Erinnerungen an Weimars klassische Zeit. Aus Sorets handschriftlichem Nachlaß, seinen Tagebüchern und seinem Briefwechsel, Leipzig

Humboldt A (1807, 2010) Ideen zu einer Geographie der Pflanzen nebst einem Naturgemälde der Tropenländer. Tübingen bey Cotta, Paris bey Schoell; Neudruck Historical Science 13, Bremen 2010 (Online Fassung)

Jahn I (Hrsg) (1998) Geschichte der Biologie, 3. Aufl. Nikol, Hamburg

Junker T (2004) Geschichte der Biologie: Die Wissenschaft vom Leben, CH Beck, München

Kant I (1790) Kritik der Urteilskraft, 1790; Online-Fassung Projekt Gutenberg.de

Lamarck B (1801) Système des animaux sans vertèbres, ou Tableau général des classes, des ordres et des genres de ces animaux présentant leurs caractères essentiels et leur distribution, d'après la considération de leurs rapports naturels et de leur organisation, et suivant l'arrangement établi dans les galeries du Muséum d'Hist. Naturelle, parmi leurs dépouilles conservées. Paris, Kindle Edition 1801

Lamarck B (1809) Philosophie zoologique, ou, Exposition des considérations relative à l'histoire naturelle des animaux. Paris 1809 (deutsche Übersetzung durch Arnold Lang: Jena 1876)

Lawrence CR (2014) On the generation of animals, The Embryo Project Encyclopedia, online

Leeuwenhoek DA (1677) Observationes D. Anthonii Leeuwenhoeck, De Natis E Semine Genitali Animalculis. Phil. Trans. 1677 12:1040-1046, pdf, online

Leibniz GW (1749) Protogaea oder Abhandlung von der ersten Gestalt der Erde und den Spuren der Historie in Denkmalen der Natur. Aus dem lateinischen ins teutsche übersetzt, Leipzig bei Johann Gottlieb Vierling. Online-Fassung von Google

May W (1914, 2012) Goethe, Humboldt, Darwin, Haeckel. Vier Vorträge (1914). Dogma, Bremen (Neudruck 2012)

Meyer-Abich A (1963) Geistesgeschichtliche Grundlagen der Biologie. Gustav Fischer, Stuttgart

Müller WA (1996) From the Aristotelian soul to genetic and epigenetic information: the evolution of the modern concepts in developmental biology at the turn of the century. Int J Dev Biol 40:21–26

Müller WA, Hassel M (2012) Entwicklungsbiologie und Reproduktionsbiologie des Menschen und bedeutender Modellorganismen. Springer, Berlin, Heidelberg

Nestle W (1953) Aristoteles Hauptwerke, ausgewählt und übersetzt von Wilhelm Nestle. Kröner, Stuttgart

Oken L (1805) Die Zeugung. Joseph Anton Goebhardt, Bamberg/Würzburg 1805 (1809–1811) Lehrbuch der Naturphilosophie Lehrbuch der Naturphilosophie. Frommann, Jena. https://archive.org/details/lehrbuchdernatu04okengoog

Pander vC, D'Alton E (1821) Das Riesen-Faulthier, Bradypus giganteiis, abgebildet, beschrieben, und mit verwandten Geschlechtem verglichen. Bonn

Peck AL (1979) Aristotle: generation of animals. London (griechischer Text und englische Übersetzung) Harvard University Press

Pennisi E (2009) On the origin of cooperation. Science 325(5945):1196–1196

Portmann A (2006) Lebensforschung und Tiergestalt. Schwabe

Sigmund K, Hilbe C (2011) Darwin and the evolution of human cooperation. Principles of evolution. The frontiers collection. Springer, Berlin, Heidelberg

Soret F, Houben HH (1929) Zehn Jahre bei Goethe: Erinnerungen an Weimars klassische Zeit 1822–1832 Nachdr. der Ausg. Brockhaus, Leipzig

de Spinoza B (1674, 1989) Opera. Lateinisch-deutsch, 2. Aufl. Wissenschaftliche Buchgesellschaft, Darmstadt

Steiner R (1883–1897) Einleitungen zu Goethes Naturwissenschaftlichen Schriften. Zugleich eine Grundlegung der Geisteswissenschaft (Anthroposophie), Rudolf Steiner Online-Archiv, 4. Aufl 2010

Steiner R (1894) Die Philosophie der Freiheit. Grundzüge einer modernen Weltanschauung – Seelische Beobachtungsresultate nach naturwissenschaftlicher Methode (GA 4), Online-Fassung

Steiner R (1911) Die Evolution vom Gesichtspunkte des Wahrhaftigen, R Steiner Online Archiv

Steiner R (1922) Philosophie, Kosmologie und Religion (GA 25), Online-Fassung

Steiner R (2013a) Gesamtausgabe Band 1: Schriften zur Goethe-Deutung Stuttgart, fromann-holzboog 2013

Steiner R (2013b) Gesamtausgabe Band 6: Schriften zur Anthropologie, Stuttgart, fromann-holzboog 2013

Storch V, Welsch U, Wink M (2013) Evoltionsbiologie, 3. Aufl. Springer Spektrum, Heidelberg

Troll W (1949) Die Urbildlichkeit der organischen Gestaltung. Experientia 5(XII):491–495

Vollmer G (2010) Biophilosophie. Reclam, Stuttgart, Ditzingen

Wallace AR (1858) On the tendency of varieties to depart indefinitely from the original type. J Proc Linnean Soc Zool 3(9):53–62 (London)

Wallace AR (1870) Contributions to the theory of natural selection. A series of essays. Macmillan & Co, London

Wallace AR (1878) Tropical Nature, and other essays. Macmillan & Co., London

Wallace AR (1880) Island life: or, the phenomena and causes of insular faunas and floras, Including a revision and attempted solution of the problem of geological climates. Macmillan & Co., London

Wenzel M (1983) Goethe und Darwin – Der Streit um Goethes Stellung zum Darwinismus in der Rezeptionsgeschichte der morphologischen Schriften. Goethe-Jahrbuch 100:145–158

Zimmermann W (1953) Evolution, Die Geschichte ihrer Probleme und Erkenntnisse. Alber, Freiburg

Zu neueren molekulargenetischen Untersuchungen und Computersimulationen

Atsushi O, Kazuho I, Takashi G (2004) Comparative analysis of gene expression for convergent evolution of camera eye between octopus and human. Genome Res 14(8):1555–1561

Britton-Davidian J et al (2000) Rapid chromosomal evolution in island mice. Nature 403:158

Condie BG, Capecchi MR (1994) Mice with targeted disruptions in the paralogous genes *hoxa-3* and *hoxd-3* reveal synergistic interactions. Nature 370:304–306

Cooney CA (2006) Germ cells carry the epigenetic benefits of grandmother's diet. Proc Natl Acad Sci U S A 103(46):17071–17072

Cropley JE, Suter CM (2011) Murine models of transgenerational epigenetic inheritance. Epigenetics: a reference manual. S 51–66

Lippman ZB et al (2008) The making of a compound inflorescence in tomato and related nightshades. Plos Biology

Mallo D, Wellik M, Deschamps J (2010) *Hox* genes and regional patterning of the vertebrate body plan. Dev Biol 344:7–15

Meinhardt H (1997) Wie Schnecken sich in Schale werfen. Springer, Berlin, Heidelberg

Simmons R (2011) Boyd Orr Lecture Epigenetics and maternal nutrition: nature v. nurture. Proc Nutr Soc 70(1):73–81

Zum Ursprung des Lebens

Baaske P et al (2007) Extreme accumulation of nucleotides in simulated hydrothermal pore systems. Proc Natl Acad Sci U S A 104(22):9346–9351

Blain JC, Szostak JW (2014) Progress toward synthetic cells. Annu Rev Biochem 2014

Di Mauro et al (2014) The path to life's origins. Remaining hurdles. J Biomol Struct Dyn 32(4):512–522

Martin W (2009) Hydrothermalquellen und der Ursprung des Lebens. Biol unserer Zeit 39:166–174 (2009)

Martin W, Baross J, Kelley D, Russell MJ (2008) Hydrothermal vents and the origin of life. Nat Rev Microbiol 6(11):805–814

Russell MJ et al (2014) The drive to life on wet and icy worlds. Astrobiology 14(4):308–343

Sousa F et al (2013) Early bioenergetic evolution. Philos Trans Royal Soc Lond B Biol Sci 368 (1622) Article No. 20130088

Index

H

I

K

L

M

N

O